四川大学精品立项教材

辐射探测与防护实验

主　编　刘　军
副主编　陈秀莲　覃　雪

科学出版社
北　京

内 容 简 介

本书根据四川大学核专业多年实验教学经验，选编了 22 个实验项目，从科普实验、认知实验到基础实验，由浅入深分为四个部分，内容包括：放射性测量中的统计学，射线与物质相互作用，探测器工作原理及使用方法，活度、能量、时间、剂量测量技术，辐射屏蔽防护，环境辐射监测等. 附录列出了四川大学核工程与核技术实验室开设课程中使用的仪器设备.

本书可供核专业、物理类专业等基础实验课程使用，也可供相关专业研究生参考.

图书在版编目（CIP）数据

辐射探测与防护实验／刘军主编. —北京：科学出版社，2020.3
四川大学精品立项教材
ISBN 978-7-03-064183-0

Ⅰ. ①辐⋯ Ⅱ. ①刘⋯ Ⅲ. ①辐射探测-实验-高等学校-教材
②辐射防护-实验-高等学校-教材 Ⅳ. ①TL81-33②TL7-33

中国版本图书馆 CIP 数据核字（2020）第 010217 号

责任编辑：罗　吉　孔晓慧／责任校对：杨　赛
责任印制：张　伟／封面设计：华路天然工作室

科 学 出 版 社 出版
北京东黄城根北街 16 号
邮政编码：100717
http://www.sciencep.com

北京虎彩文化传播有限公司 印刷
科学出版社发行　各地新华书店经销
*
2020 年 3 月第 一 版　开本：720×1000 B5
2021 年 1 月第二次印刷　印张：10 3/4
字数：217 000
定价：49.00 元
（如有印装质量问题，我社负责调换）

前　言

"辐射探测与防护实验"是核专业重要的实验课,对于学生掌握辐射探测与防护的基本概念、相关仪器设备的操作、测量系统的构建、实验数据的处理分析等都具有重要作用.为了让学生对核辐射从感性认识逐渐上升到理性认识,培养学生在辐射探测实践中的动手能力和分析解决问题的能力,近年来,四川大学核工程与核技术实验室一直在探索提高实验教学效果的新途径.根据认知规律,建立了从科普、认知、基础、综合、创新逐层次递进的辐射探测与防护实验课程体系,并编写了实验讲义;随着辐射探测技术的发展和设备的升级,实验讲义也应做相应的更新.我们从多年的教学实践中遴选了 22 个实验项目,重新编写讲义,形成教材,本书主要分为以下四个部分.

第一部分:核辐射科普实验,包含 3 个实验项目,面向不同专业、较低年级的学生开放.学生通过测量自然环境、医院、涉核工业设备以及辐照场所中的辐射剂量,获得对电离辐射及其来源的直观认识.完成这部分实验不需要学生掌握较深的理论知识.

第二部分:核与辐射认知实验,包含 4 个实验项目,与"原子核物理""辐射探测与测量"两门理论课程相结合,分别开设于对应章节授课之后.学生通过观察各类探测器的结构组成以及操作过程,并且亲自处理数据,对理论课堂中相对抽象和概念化的内容有更加直观、形象的理解和认识.

第三部分:辐射探测实验,包含 9 个实验项目.通过这部分实验,学生可以掌握不同类型探测器的使用方法,不同种类射线的测量方法,以及相应的数据处理和分析方法等,为后续开展综合实验和创新实验奠定基础.

第四部分:辐射剂量与防护实验,包含 6 个实验项目,与"辐射剂量与防护"理论课程相配合.通过这 6 个实验,学生可以掌握不同种类射线的剂量测量方法、放射性工作场所的剂量监测方法、放射性工作人员个人剂量监测方法等;同时还将了解相关法律法规、国家标准和行业标准,熟悉针对不同人群的剂量限值.

在本书编写期间,四川大学张一云教授审读了全稿,核工程与核技术系全体教师参与了讨论研究,提出了许多修改意见;成都理工大学张京隆老师也为本书的编写给予了热情的帮助.在书稿试用期间,四川大学核工程与核技术专业本科生付达、凡玉涵、卯升鹏、马啸、刘洪铭、刘泓舟、刘帅、彭凯、苏喆、苏钰清、文攀、王宇、叶天熠、于思琪、周豪、周龙等,以及研究生刘怡文、田耕源、朱巴邻、陈琦等,对书稿的众多细节问题提出了修改意见.编者在此一并表示感谢.

　　覃雪编写了实验 1-1、2-1、2-2、3-1、3-8、3-9、4-2，陈秀莲编写了实验 1-2、3-2、3-4、3-5、3-7、4-1，刘军编写了实验 1-3、2-3、2-4、3-3、3-6、4-3、4-4、4-5、4-6.

　　本书的出版得到了四川大学教材建设立项支持. 由于编者水平有限，疏漏之处在所难免，诚恳欢迎读者批评指正.

编　者

2019 年 6 月于成都

目　　录

第一部分 核辐射科普实验

在核辐射科普实验部分,设计了 3 个实验,内容包含自然环境、医学、工业中的辐射剂量测量等.

这部分实验课程开设于学生学习电离辐射相关理论知识之前,实验中学生通过测量日常生活中不同环境下的辐射剂量,了解电离辐射的来源,以及影响电离辐射剂量的因素等,对电离辐射有一个简单、直观的认识.

在外出测量过程中,应特别向学生强调:注意个人及设备安全,在对放射性装置、场所进行测量时,应注意个人辐射防护.

实验 1-1

环境辐射测量

一、 实 验 目 的

(1) 了解辐射的基本知识.

(2) 了解环境中辐射来源和大小.

(3) 学会使用 X/γ 辐射剂量仪测量地表空气吸收剂量率.

二、 实 验 内 容

(1) 学会 X/γ 辐射剂量仪的操作和使用.

(2) 利用 X/γ 辐射剂量仪现场测量校园各处环境辐射剂量值大小,参考《环境地表 γ 辐射剂量率测定规范》(GB/T 14583—1993)估算环境 γ 辐射对居民产生的有效剂量并进行简要的评价.

三、 实验背景、意义

▶ **1. 辐射的认识**

辐射是以波或运动粒子的形式向周围空间或物质发射并在其中传播的能量的统称,分为电离辐射和非电离辐射两大类. 凡是与物质间接或直接作用时能使物质电离的一切辐射称为电离辐射,它包括高能电磁辐射和粒子辐射. 高能电磁辐射指 X 射线和 γ 射线;粒子辐射有α、e^±、p、μ^±、重离子、中子等射线. 本书中所涉及的辐射均为电离辐射.

电离辐射来源主要有天然辐射和人工辐射.

(1) 在人类赖以生存的环境中,无时无处不存在着天然辐射.天然辐射来自地球上原生放射性核素、宇宙射线和宇生放射性核素. ①至今在地壳中发现的原生放射性核素可分为两类:一类是以 ^{238}U、^{235}U、^{232}Th 为首的三个天然衰变系列,每一个系列均包含十多个子体;另一类是单个存在的非系列性天然放射性核素,如 ^{40}K、^{87}Rb 等.原生放射性核素广泛存在于地球的岩石、土壤、江河、湖海中.这些核素的活度浓度和分布随着岩石构造的类型不同而变化,花岗岩中的活度浓度最高.土壤和岩石中所含的铀、钍、镭、钾等元素,以 ^{40}K 的活度浓度最高. ②宇宙射线是来自太阳和星际空间的高能粒子,包括各种原子核、γ 射线、正负电子、中微子等,这些粒子及次级粒子有较强的贯穿能力,可辐射到地球,对人体造成外照射. ③宇生放射性核素是宇宙射线与大气层中和地球表面氧、氮等多种元素的原子核相互作用后产生的放射性核素,比较重要的是 ^3H 和 ^{14}C. 天然辐射成为人类受照的一种本底照射,其照射方式可分为外照射和内照射.人体所受的辐射来自体外辐射源的照射(俗称外照射)和通过吸入或食入等途径进入人体的放射性物质产生的体内污染(俗称内照射),表 1-1-1 列出了公众所受天然辐射照射年有效剂量.

表 1-1-1　公众所受天然辐射照射年有效剂量　　(单位：mSv)

射线源		中国平均值	世界平均值
外照射	宇宙射线	0.36	0.38
	陆地γ辐射	0.54	0.48
内照射	氡及其短寿命子体	1.56	1.15
	钍射气及其短寿命子体	0.18	0.10
	^{40}K	0.17	0.17
	其他核素	0.32	0.12
总计		约 3.13	2.40

(2) 来源于人类实践活动的电离辐射称为人工辐射.人工辐射源主要有核设施、核技术应用的辐射源和核试验落下灰等.在人工辐射源中,医疗照射是最大的人工辐射源.

▶ 2. 环境地表 γ 辐射剂量率测定意义

环境地表 γ 辐射剂量率测定是环境监测的组成部分,主要目的是:在核设施或其他辐射装置正常运行或发生事故的情况下，为估算在环境中产生的 γ 辐射对关键人群组或公众所致外照射剂量提供数据资料；验证释放量对管理限值和法规、标准要求的符合程度；监测核设施及其他辐射装置的运行情况，提供异常或意外情况的警告；获得环境天然本底 γ 辐射水平及其分布资料和人类实践活动所引起的环境 γ 辐射水平变化的资料.

本实验使用环境监测与辐射防护用辐射剂量仪测量地面上方 1m 处 γ 辐射空气吸收剂量率，根据《环境地表 γ 辐射剂量率测定规范》(GB/T 14583—1993)中环境 γ 辐射对居民产生的有效剂量当量进行估算和简要评价.

四、　实 验 装 置

(1) X/γ 辐射剂量仪　　1 台；
(2) 卷尺　　1 把.

五、　实验步骤及数据处理

1. 实验预习

(1) 通过查阅文献等资料，了解我们日常生活环境中可能会有的 γ 辐射及其来源.

(2) 查阅《环境地表 γ 辐射剂量率测定规范》(GB/T 14583—1993)及《电离辐射防护与辐射源安全基本标准》(GB 18871—2002)了解环境地表 γ 辐射剂量率的评价方法.

(3) 阅读 X/γ 辐射剂量仪说明书，掌握其使用方法.

2. 测量地表 γ 辐射剂量率

(1) 测量点选择：自行在校内选择五处及以上测量地貌，如草地、花岗岩地、沥青路面、塑胶场地等(建筑物内至少选择一处)，每处至少选择五个测量点.

(2) 测量：将剂量仪探头放置在距离地面 1m 高处，设置相关实验参数(包括测量时间、单位、报警阈值等)后开始正式测量，现场记录仪器读数，每个地点测五次取平均值，记录数据于表 1-1-2.

3. 数据处理

参考《环境地表 γ 辐射剂量率测定规范》(GB/T 14583—1993)，利用所测数

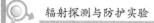
据计算环境 γ 辐射对居民产生的有效剂量

$$E = D_\gamma \cdot K \cdot t \tag{1-1-1}$$

式中，E 为有效剂量，单位为 Sv；D_γ 为环境地表 γ 辐射空气吸收剂量率，单位为 Gy/h；K 为天然 γ 辐射产生的有效剂量率与空气吸收剂量率比值，标准采用 0.7Sv/Gy；t 为环境中停留时间，单位为 h.

将计算结果与《电离辐射防护与辐射源安全标准》(GB 18871—2002)规定的公众照射的剂量限值进行对比，对所测地点的辐射水平进行评估.

六、 思 考 题

(1) 对实验所测不同地点环境地表 γ 辐射空气吸收剂量率进行比较和分析，说明不同实验地点存在差异的可能原因.

(2) 阐述电磁辐射与电离辐射有何区别.

七、 实验安全操作及注意事项

(1) 借用剂量仪时，要仔细检查仪器的整套部件是否齐全和完好；妥善保管仪器，并按时归还.

(2) 仪器使用之前要仔细阅读说明书，弄清楚后再进行实际操作；有问题及时向指导老师反映，保证剂量仪使用安全.

(3) 结束测量时应及时关闭电源.

(4) 测量数据不得擅自对外发布.

八、 附 录

1. 《电离辐射防护与辐射源安全基本标准》(GB 18871—2002)对个人剂量的限值

(1) 对任何工作人员的职业照射水平进行控制，使之不超过下述限值：

① 由审管部门决定的连续 5 年的年平均有效剂量(但不可作任何追溯平均)，20mSv；

② 任何一年中的有效剂量，50mSv；

③ 眼晶体的年当量剂量，150mSv；

④ 四肢(手和足)或皮肤的年当量剂量，500mSv.

(2) 对于年龄为16~18岁接受涉及辐射照射就业培训的徒工和年龄为16~18岁在学习过程中需要使用放射源的学生，应控制其职业照射使之不超过下述限值：

① 年有效剂量，6mSv；

② 眼晶体的年当量剂量，50mSv；

③ 四肢(手和足)或皮肤的年当量剂量，150mSv.

(3) 实践使公众中有关关键人群组的成员所受到的平均剂量估计值不应超过下述限值：

① 年有效剂量，1mSv；

② 特殊情况下，如果5个连续年的年平均剂量不超过1mSv，则某一单一年份的有效剂量可提高到5mSv；

③ 眼晶体的年当量剂量，15mSv；

④ 皮肤的年当量剂量，50mSv.

2. 原始数据记录

表 1-1-2 X/γ剂量仪测量数据记录表

剂量仪型号：			测量人员：				
测量时间 (年月日+时间)	测量点 分布序号	地质情况 (如花岗岩地)	仪器读数				
			第1次	第2次	第3次	第4次	第5次
...							

九、 参 考 文 献

复旦大学, 清华大学, 北京大学. 1981. 原子核物理实验方法[M]. 北京: 原子能出版社.

国家环境保护局, 国家技术监督局. 1993. GB/T 14583—1993. 环境地表γ辐射剂量率测定规范 [S]. 北京: 中国标准出版社.

柳生众, 郑金学, 陈中, 等. 1993. 核科学技术辞典[M]. 北京: 原子能出版社.

夏益华, 陈凌. 2010. 高等电离辐射防护教程[M]. 哈尔滨: 哈尔滨工程大学出版社.

中华人民共和国国家质量监督检验检疫总局. 2004. GB 18871—2002. 电离辐射防护与辐射源安全基本标准 [S]. 北京: 中国标准出版社.

実验 1-2

医疗辐射测量

一、 实 验 目 的

(1) 了解医疗辐射中电离辐射的主要来源.
(2) 掌握使用剂量仪测量辐射剂量的方法.

二、 实 验 内 容

(1) 调研所测地点可能存在的电离辐射来源.
(2) 用 X/γ 辐射剂量仪测量医院非放射性工作区域不同位置辐射剂量分布.
(3) 在得到医院相关部门许可后，用 X/γ 辐射剂量仪测量医院放射性工作区域不同位置辐射剂量分布.

三、 实验背景、意义

人们生活的环境中存在着各种各样的电离辐射，其分为天然辐射和人工辐射. 2010 年，联合国原子辐射影响问题科学委员会指出，人体接受的辐射 80% 来自天然辐射，20% 源于人为因素导致的辐射，而在人为因素导致的辐射中，医疗辐射所占比例高达 98%. 在医学中，辐射的应用主要包括放射学(X 射线诊断学和介入放射学)、临床核医学、放射肿瘤学三个大类，如图 1-2-1 所示.

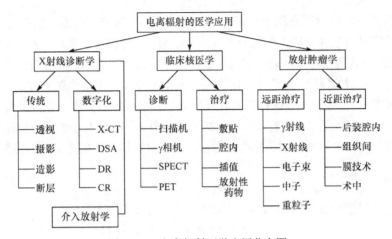

图 1-2-1　电离辐射医学应用分布图

X-CT 即 X 射线计算机断层摄影装置；DSA 即数字减影血管造影；DR 即数字摄影；CR 即计算机摄影；SPECT 即单光子发射计算机断层显像装置；PET 即正电子发射计算机断层显像装置

1. X 射线诊断

临床医学的 X 射线诊断包括普通 X 射线诊断、特殊 X 射线诊断、X-CT 以及专用的乳腺 X 射线摄影等. 无论是采用 X 射线透视还是 X 射线摄影方式,设备关键部分都为 X 射线发射装置,其产生的 X 射线形成供诊断的影像,但同时又可能成为放射性危险的来源. 在各种 X 射线诊断检查中,X 射线诊断机房所存在的 X 射线辐射场,一般由有用射线、泄漏射线、杂散射线等构成. 通常只要机房防护设施与设备安装符合相关国家法规和标准规定,X 射线诊断工作场所就容易达到辐射防护与安全标准要求.

2. 放射治疗

肿瘤放射治疗是利用放射线(如放射性核素发射的 α 射线、β 射线、γ 射线)和各类射线装置(如 X 射线治疗机或加速器产生的 X 射线、电子线、中子束、质子束,以及其他粒子束等)治疗恶性肿瘤的一种方法. 在放射治疗中,对患者的防护不是简单地避免对患者照射,而是将病变细胞附近的正常组织或器官受到的漏射辐射和散射辐射减少到可以合理做到的尽可能低的水平,降低放射治疗并发症的发生率. 肿瘤放疗过程中,对于医疗辐射工作人员而言,在正常的工作条件下,主要受到散射线、漏射线、感生放射性以及放射性气溶胶的内、外照射影响. 只有防护措施充分,才能使医师等职业人员和公众受照不超过相关剂量限值.

3. 核医学

核医学是利用核技术来诊断、治疗和研究疾病的一门新兴综合性交叉学科.

核医学实践中的放射性来源主要是各种放射性药物,即非密封源,也称为开放源.其特点是容易扩散并污染工作场所表面及环境介质.操作开放源的场所存在 X 射线、γ 射线、β 射线等引起的外照射,也存在由放射性污染导致放射性核素进入机体而引起内照射的风险.近年来,国内一些大型医疗单位逐步建立 PET/CT 中心,射线的来源更为复杂,它既有 PET 使用的发射正电子的放射性核素及其标记药物产生的外照射和内照射,也有 CT 产生的 X 射线外照射,还有小型回旋加速器生产放射性核素时产生的外照射、感生放射性以及放射性核素污染造成的内照射.

4. 介入治疗

介入放射治疗通常利用 DSA、X-CT 等产生电离辐射的设备,借助于 X 射线成像的方法导引而施行.由于介入治疗通常必须在较长时间的透视状态下往患者体内紧要部位插进介入器材并进行实时监控,有关医务工作人员只能近台操作,因而医务工作人员和接受治疗的患者,除了受到有用射线的照射外,受到的来自杂射线、散射线的照射也不容忽视.

四、 实 验 装 置

(1) X/γ 辐射剂量仪   1 台;
(2) 卷尺   1 把.

五、 实验步骤及数据处理

1. 实验预习

(1) 通过查阅文献等资料,调研医院内哪些场所可能存在 X 射线辐射、γ辐射.

(2) 查阅仪器说明书,了解所用仪器的原理,掌握其使用方法.

2. 实验测量

测量医院内不同场所的辐射剂量分布.根据所测医院的区域分布情况,制定辐射剂量测量方案.

1) 非放射性工作场所

选取医院内非放射性工作区域(如医院大厅等)布点测量,每个区域根据具体情况划分测量点.设置剂量仪相关参数(测量时间、报警阈值等)后开始正式测量,现场记录仪器读数，每个地点测量五次取平均值，将数据记录于表 1-2-1 中.

2) 放射性工作场所

在得到医院放射性相关科室许可后，在其允许的区域内进行测量. 每个区域根据工作人员和患者的活动范围来划分测量点. 设置剂量仪相关参数(测量时间、报警阈值等)后开始正式测量，现场记录仪器读数，每个地点测量五次取平均，将数据记录于表 1-2-1.

3. 数据处理

(1) 参考天然本底辐射剂量，分析医院内非放射性工作场和放射性工作场所的辐射剂量分布.

(2) 结合国家法律法规及相关标准，评价医疗辐射对公共环境的辐射剂量影响，以及放射性工作场所的剂量水平.

六、　思　考　题

(1) CT 机扫描速度快会降低所受辐射的剂量吗?

(2) 对儿童和成人使用同样的 CT 扫描参数进行 CT 扫描，成人会得到更高的吸收剂量吗?

七、　实验安全操作及注意事项

(1) 借用剂量仪时，要仔细检查仪器的整套部件是否齐全和完好；妥善保管仪器，并按时归还.

(2) 进入放射性工作区域测量时，须得到医院许可，并在其允许的区域范围内测量.

(3) 在放射性工作区域测量过程中，如果发现剂量异常，应立即离开该区域，并向对方管理人员汇报.

(4) 测量数据不得擅自对外发布.

八、　附　录

原始数据记录在表 1-2-1 中.

表 1-2-1 X/γ 剂量仪测量数据记录表

测量日期：   测量地点：

测量仪器：   测量人员：

测量点 分布序号	第 1 次	第 2 次	第 3 次	第 4 次	第 5 次
...					

九、 参 考 文 献

国家环境保护局, 国家技术监督局. 1993. GB/T 14583—1993. 环境地表 γ 辐射剂量率测定规范[S]. 北京: 中国标准出版社.

李俊山, 李进富, 张润润. 1999. 山西省肿瘤医院环境辐射剂量水平调查[J]. 辐射防护通讯, 19(5): 24-26.

殷蔚伯, 谷铣之. 2002. 肿瘤放射治疗学[M]. 北京: 中国协和医科大学出版社.

郑钧正, 贺青华, 李述唐, 等. 2000. 我国电离辐射医学应用的基本现状[J]. 中华放射医学与防护杂志, 20: s7-s14.

郑钧正. 2009. 电离辐射医学应用的防护与安全[M]. 北京: 原子能出版社.

实验 1-3

工业辐射测量

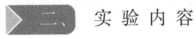

一、实验目的

(1) 了解工业辐射的来源和种类.

(2) 学习 X/γ 辐射剂量仪的使用方法.

(3) 了解工业辐射从业人员以及公众许可的剂量限值.

二、实验内容

(1) 测量放射性工业设施/场所附近公众活动区域的辐射剂量.

(2) 测量放射性工业设施/场所工作人员工作区域的辐射剂量.

三、实验背景、意义

随着我国科学技术和社会经济的持续快速发展, 核技术在我国国防、医疗、科研、工业等领域得到了广泛利用. 为了保障核技术在工业辐射应用中的安全, 就必须要对工业辐射有基本的了解. 工业辐射按应用行业不同和使用放射源不同, 主要分成以下几个大类.

1. 工业辐照

工业辐照, 又称辐射加工, 是指利用电离辐射与物质相互作用产生的物理效应、化学效应和生物效应, 对物质和材料进行加工处理的一种核技术. 通常用于医疗用品的灭菌消毒, 食品辐照保鲜, 辐照聚合系、辐照降解系等辐射化工, 辐照育种、病虫防治等农业应用，废水、废气、固体废物的核辐射处理等环境治理方面. 工业辐照常用的辐射源可以分为两大类：① γ 辐射源，包括 ^{60}Co 和 ^{137}Cs 等；②加速器辐射源，包括 X 射线和电子束等.

▶ 2. 工业射线探伤

工业射线探伤广泛应用于机械冶金、石化、电力、宇航、核工业和军工等部门的无损检测. 其检测原理：被检工件由于成分、密度、厚度等的不同，对射线产生不同的吸收或散射，采用适当的探测器拾取射线照射被检工件形成透射射线强度分布图像，对被检工件的质量、尺寸、特性等做出判断. 常见的工业射线探伤系统：工业射线探伤照相检测系统、工业射线探伤实时成像检测系统、工业计算机断层扫描成像技术(ICT)检测系统、康普顿散射成像检测系统等. 常用工业射线探伤设备及射线源类型：X 射线机、γ 射线机、加速器、中子照相机等.

▶ 3. 核子仪

核子仪，作为一类测量装置，在工业中主要用于过程控制和产品质量控制，通常由一个带屏蔽的辐射源(根据不同需求，选择使用α、β、γ 及中子源)和一个辐射探测器组成，射线束穿过物质或者与需要分析的物质相互作用，为连续分析或过程控制提供实时数据. 常见核子仪有：核子密度计(γ/β)、核子密度/水分测量仪(γ/中子)、核子厚度仪也称核子测厚仪(α、β、γ)、核子秤(γ)、核子料位计(β、γ、中子)，以及放射性同位素热电发生装置、静电消除器、同位素避雷器、放电点火器等.

▶ 4. 放射性测井

放射性测井，是指根据岩石和介质的核物理性质，在钻孔中进行地球物理测量，研究钻井地质剖面、井中各种物理场变化，进而达到研究基础地质、寻找矿产的目的的一门学科. 放射性测井可分为：自然 γ 测井、γ-γ 测井、中子测井、中子寿命测井、能谱测井、活化测井、地球化学测井、同位素示踪测井、核磁测井等. 常用放射源包括：勘测和开发测井中所使用的密封源(γ 源、中子源)，放射性同位素示踪测井所使用的非密封放射源(放射性示踪物质).

▶ 四、 实 验 装 置

(1) X/γ 辐射剂量仪   1 台；
(2) 中子剂量仪   1 台；
(3) 个人辐射剂量报警仪   1 台.

五、 实验步骤及数据处理

1. 实验预习

(1) 通过查阅文献等资料，调研在日常的生产活动中哪些行业会涉及工业辐射，在日常生活中是否有接触、使用经过工业辐射加工的产品；调研当地涉及工业辐射的企事业单位，了解这些企事业单位的工业辐射种类，并由此制订辐射剂量测量方案．

(2) 阅读剂量仪说明书，了解仪器工作原理，掌握仪器使用方法．

2. 实验测量

(1) 测量公众(非放射性工作人员)活动区域剂量．

① 使用个人剂量报警仪测量物品经过地铁/火车站行李安检时受到的剂量．

② 使用 X/γ 辐射剂量仪/个人辐射剂量仪报警仪测量地铁/火车站行李安检器边界剂量大小．

③ 测量辐照厂周边公共区域的剂量值．

④ 其他．

(2) 与当地涉及工业辐射的企事业单位联系沟通，在条件允许的情况下，测量放射性工作人员工作区域的辐射剂量．

① 测量加速器运行时，操作员所处位置剂量．

② 测量反应堆控制室、工作人员通道等处的剂量．

③ 测量工业探伤过程中，操作人员所处位置的辐射剂量．

④ 其他工业辐照场所剂量测量．

要求　对每个测量地点，应根据实际情况划分测量点，每个测量点测量五次，取平均值．

3. 数据处理

(1) 分析公众因工业辐射所接受的额外辐射剂量．

(2) 分析放射性工作人员在正常工况下接受的辐射剂量．

(3) 结合国家法律法规及相关标准，评价工业辐射对公共环境的辐射剂量影响，以及放射性工作场所的辐射剂量水平．

▶ 六、 思 考 题

(1) 为避免工业辐射污染公共环境, 可采取哪些防护措施?

(2) 如何控制个人所受到的剂量值? 是否越低越好?

▶ 七、 实验安全操作及注意事项

(1) 认真阅读剂量仪说明书, 有问题及时向指导老师反应, 保证剂量仪使用安全.

(2) 进入放射性工作区域测量时, 必须得到对方许可, 而且只能在对方允许的区域范围内测量.

(3) 在放射性工作区域测量过程中, 如果发现剂量异常, 应立即离开该区域, 并向对方管理人员汇报.

(4) 测量数据不得擅自对外发布.

▶ 八、 附 录

(1) 电离辐射要求可查阅《电离辐射防护与辐射源安全基本标准》(GB 18871—2002), 不同人群对个人剂量的限值见实验 1-1 附录.

(2) 原始数据记录在表 1-3-1 中.

表 1-3-1 X/γ 剂量仪测量数据记录表

测量日期: 测量地点:

测量仪器: 测量人员:

测量点分布序号	第1次	第2次	第3次	第4次	第5次
...					

九、　参 考 文 献

复旦大学, 清华大学, 北京大学. 1981. 原子核物理实验方法[M]. 北京: 原子能出版社.

何仕均. 2009. 电离辐射工业应用的防护与安全[M]. 北京: 原子能出版社.

夏益华, 陈凌. 2010. 高等电离辐射防护教程[M]. 哈尔滨: 哈尔滨工程大学出版社.

中华人民共和国国家质量监督检验检疫总局. 2004. GB 18871—2002. 电离辐射防护与辐射源
　安全基本标准[S]. 北京: 中国标准出版社.

第二部分 核与辐射认知实验

在核与辐射认知实验部分，结合"原子核物理""辐射探测与测量"两门课程的理论知识点，设计了 4 个实验，分别开设在理论课程相关章节讲解结束之后.

通过这部分实验，学生可以亲眼观察放射源、各类辐射探测仪器及老师演示的相关实验操作，并通过课后处理实验数据，对原子核衰变规律、射线种类及性质、射线与物质相互作用的方式、各种探测器的结构及性能等相对抽象和概念化的内容有更加直观、形象的理解和认识.

因学生刚接触专业课程，考虑到放射性实验的特殊性，这部分实验以演示实验方式开设，作为对"原子核物理""辐射探测与测量"这两门核工程与核技术专业的核心基础课程的补充.

原子核衰变及统计规律验证

一、 实 验 目 的

(1) 理解并验证放射性衰变的基本规律.

(2) 理解并验证放射性计数的统计规律.

(3) 掌握正确表示放射性计数测量结果的方法.

二、 实 验 内 容

(1) 测量 ^{137}Cs 放射源的活度. 根据 ^{137}Cs 放射源的半衰期和出厂活度,通过理论公式计算其活度并与测量结果比较,验证放射性衰变的指数衰减规律.

(2) 保持实验条件不变,对 ^{137}Cs 放射源进行重复测量,画出放射性计数的频率直方图并与高斯分布曲线作比较,重复进行至少 100 次独立测量.

三、 实 验 原 理

▶ 1. 放射性衰变的指数衰减规律

一种放射性原子核经 α 或 β 衰变成为另一种原子核. 实践表明,即使对于同一核素的许多原子核来说,这种变化也不是同时发生的,而是有先有后. 因此,对于任何放射性物质,其原有的放射性原子核的数目将随时间的推移变得越来越少. 实验表明,任何放射性物质在单独存在时都服从指数衰减规律. t 时刻放射性原子核的数目为

$$N = N_0 e^{-\lambda t} \tag{2-1-1}$$

式中，N_0 为 $t=0$ 时的放射性原子核的数目. 衰变常量(又称衰变常数)λ 是放射性原子核的特征量，表示在单位时间内每个原子核的衰变概率，因为 λ 是常量，所以每个原子核不论何时衰变，其概率均相同. 这意味着，各个原子核的衰变是独立无关的，每一个原子核到底何时衰变，完全是偶然性事件. 但是偶然性中具有必然性. 就大量原子核作为整体来说，其衰变则表现为式(2-1-1)这样的必然性规律. 所以，通常把指数衰减规律也叫做放射性衰变的统计规律. 放射性活度 A 同样遵循指数衰减规律

$$A = A_0 e^{-\lambda t} \tag{2-1-2}$$

式中，A_0 是 $t=0$ 时的放射性活度.

2. 放射性计数的统计规律

当放射源的半衰期足够长(即在实验测量时间内可以认为其强度基本上不变)时，在重复的放射性测量中，即使保持完全相同的实验条件，每次的测量结果也并不完全相同，而是围绕着其平均值上下涨落. 这种现象就叫做放射性计数的统计性，这是由放射性核衰变和射线与物质相互作用的随机性引起的，不同于非放射性测量中由各种随机因素(如仪器和方法不够精密)带来的数据涨落. 若测量的放射性计数为 N，当测量次数足够多时，测量得到的计数在平均值 M 附近按一定规律分布，这一规律可以按式(2-1-3)来描述

$$P(N) = \frac{M^N}{N!} e^{-M} \tag{2-1-3}$$

即泊松分布，$P(N)$ 是测得计数为 N 的概率. 当 $M \geqslant 20$ 时，泊松分布一般就可用正态(高斯)分布来代替.

$$P(N) = \frac{1}{\sqrt{2\pi}\sigma} e^{-\frac{(N-M)^2}{2\sigma^2}} \tag{2-1-4}$$

式中，M 为计数的期望值，$\sigma^2 = M$，σ 为均方根差或标准误差，在放射性测量中，这种误差是由放射性衰变的统计性引起的，也称为统计误差.

如果我们对某一放射源进行多次重复测量，得到一组数据，其平均值为 $\bar{N}$，那么计数值 N 落在 $\bar{N} \pm \sigma$ 范围内的概率为

$$\int_{\bar{N}-\sigma}^{\bar{N}+\sigma} P(N)\mathrm{d}N = \int_{\bar{N}-\sigma}^{\bar{N}+\sigma} \frac{1}{\sqrt{2\pi}\sigma} e^{-\frac{(N-\bar{N})^2}{2\sigma^2}} \mathrm{d}N \tag{2-1-5}$$

用变量 $z = \dfrac{N-\bar{N}}{\sigma}$ 来置换之，并查表，式(2-1-5)即

$$\int_{-1}^{+1} \frac{1}{\sqrt{2\pi}} e^{-\frac{1}{2}z^2} \mathrm{d}z = 0.683 \tag{2-1-6}$$

用数理统计的术语来说，将 68.3% 称为置信概率(或叫做置信度)，相应的置信区间即为 $\bar{N} \pm \sigma$，而当置信区间取为 $\bar{N} \pm 2\sigma$ 和 $\bar{N} \pm 3\sigma$ 时，相应的置信概率则为 95.5% 和 99.7%.

▶ 3. 放射性计数测量结果的表示方法

通常的放射性测量是有限次的，例如对样品进行了 k 次测量得到 k 个数值的平均值 $\bar{N}$，或只进行一次测量得到计数值 N，我们就用 k 次测量的平均值甚至一次测量值 N 代替期望值 M，有

$$\sigma_N = \sqrt{M} \approx \sqrt{\bar{N}} \approx \sqrt{N} \qquad (2\text{-}1\text{-}7)$$

这样，对放射性计数的标准误差就有一个很简单的计算方法，只需用一次计数 N 或有限次计数的平均值 $\bar{N}$ 开方即可得到. 知道标准误差后，对一次测量，就可以将测量结果表示为

$$N \pm \sigma = N \pm \sqrt{N} \qquad (2\text{-}1\text{-}8)$$

这种表示方式表明真平均值出现在 $N \pm \sigma$ 区间的概率为 68.3%，标准误差也正是说明了具有这一概率意义的空间宽度.

按定义，相对标准误差

$$\upsilon_N = \frac{\sigma_N}{N} \approx \frac{\sqrt{N}}{N} = \frac{1}{\sqrt{N}} \qquad (2\text{-}1\text{-}9)$$

因此 N 越大，相对标准误差越小，测量精度越高.

假设对某种放射性样品重复测量了 k 次，每次测量时间 t 相同，得到 k 个计数 $N_1, N_2, \cdots, N_k$. 则在时间 t 内的平均计数值为

$$\bar{N} = \frac{1}{k} \sum_{i=1}^{k} N_i \qquad (2\text{-}1\text{-}10)$$

根据误差传递公式可以得到 $\bar{N}$ 的方差为

$$\sigma_{\bar{N}}^2 = \frac{1}{k^2} \sum_{i=1}^{k} \sigma_{N_i}^2 = \frac{1}{k^2} \sum_{i=1}^{k} N_i = \frac{1}{k} \bar{N} \qquad (2\text{-}1\text{-}11)$$

$$\sigma_{\bar{N}} = \sqrt{\bar{N}/k} \qquad (2\text{-}1\text{-}12)$$

对多次测量，可将测量结果表示为

$$\bar{N} \pm \sigma_{\bar{N}} = \bar{N} \pm \sqrt{\bar{N}/k} \qquad (2\text{-}1\text{-}13)$$

$\bar{N}$ 的相对标准误差为

$$\upsilon_{\bar{N}} = \frac{\sigma_{\bar{N}}}{\bar{N}} = \frac{\sqrt{\bar{N}}}{\bar{N}\sqrt{K}} = \frac{1}{\sqrt{k\bar{N}}} = \frac{1}{\sqrt{\sum N_i}} \qquad (2\text{-}1\text{-}14)$$

比较单次测量的标准误差式(2-1-7)与多次测量的标准误差式(2-1-12),测量次数越多,其误差越小.比较式(2-1-14)与式(2-1-9)还可以看到,在放射性测量中,不管是一次测量还是多次测量,只要总计数相同,结果的相对统计误差就相同.

四、 实 验 装 置

(1) NaI(Tl)闪烁体探测器　　1台;
(2) 一体化能谱仪　　1台;
(3) 盖革-米勒(Geiger-Müller,G-M)计数管　　1支;
(4) 前置放大器　　1台;
(5) 一体化定标器　　1台;
(6) ^{137}Cs 标准源　　1枚;
(7) ^{137}Cs 待测源　　1枚.

五、 实验步骤及数据处理

1. 放射性衰变的指数衰减规律验证

(1) 在相同实验条件下,用 NaI(Tl) γ 谱仪分别测量相同结构的标准源 ^{137}Cs 、待测源 ^{137}Cs 的 γ 谱以及不放源时的本底谱.

(2) 利用公式 $A = \dfrac{\dfrac{\sum N_1}{t_1} - \dfrac{\sum N_b}{t_b}}{\dfrac{\sum N_2}{t_2} - \dfrac{\sum N_b}{t_b}} \cdot A_0$ 计算待测源 ^{137}Cs 的活度,其中,$\sum N_1$、$\sum N_2$、$\sum N_b$ 分别是上述三个谱的全能峰道址范围内的总计数(注意道址范围必须相同),t_1、t_2、t_b 分别是上述三个谱的测量时间,A_0 是标准源 ^{137}Cs 活度.

(3) 根据待测源 ^{137}Cs 的出厂活度、出厂时间和半衰期,利用公式 $A = A_0 e^{-\lambda t}$,理论计算其活度,与步骤(2)所得活度进行比较,验证放射性衰变的指数衰减规律.

2. 放射性计数的统计规律

(1) 在相同的实验条件下,使用 G-M 计数管实验平台,对 ^{137}Cs 源重复进行至少 100 次独立测量.要求每次计数的相对标准误差小于 2%.

(2) 对所测数据,分别计算平均值 $\bar{N}$ 与标准误差($\sigma = \sqrt{\bar{N}}$),粗略估计测量结果是否正常.

(3) 绘制频率直方图. 将所测的最小计数 N_{min} 到最大计数 N_{max} 所在区间等分为若干个小区间, 建议以 $\sigma/2$ 为组距, 将平均值置于组中央来分组. 分好组后, 统计测量结果出现在各区间内的次数 K_i 或频率 K_i/K(其中 K 为总次数), 以次数 K_i 或频率 K_i/K 作为纵坐标, 以测量值为横坐标, 作频率直方图.

(4) 计算测量数据落在 $\bar{N}\pm\sigma$、$\bar{N}\pm2\sigma$、$\bar{N}\pm3\sigma$ 范围内的频率, 与理论值比较.

(5) 分别用单次测量值和平均值来表示测到的放射源的计数值.

▶ 六、　思　考　题

(1) σ 的物理意义是什么? 以单次测量值 N 来表示放射性测量值时, 为什么是 $N\pm\sqrt{N}$? 其物理意义是什么?

(2) 为保证计数的相对标准误差满足要求(如小于 2%), 实验中计数时间如何选择?

▶ 七、　实验安全操作及注意事项

(1) 放射性核素实验必须要经过安全培训, 并通过安全考试才能动手操作, 因此, 本实验为演示性实验, 实验过程中不允许动手操作放射源.

(2) 在指导老师进行实验演示过程中, 必须停留在老师指定的安全区域内, 以免受到意外照射.

▶ 八、　附　　录

原始数据记录在表 2-1-1 和表 2-1-2 中.

表 2-1-1　NaI(Tl) γ 谱仪测得的 ^{137}Cs γ 谱与本底谱记录表

探测器种类及型号:　　　　　　　　　探测器高压:

增益:

	左边界道址 l_l	右边界道址 l_r	全能峰道址范围内总计数 N	测量时间 t
标准源 ^{137}Cs				
待测源 ^{137}Cs				
本底				

表 2-1-2　G-M 计数管实验平台测得的 ^{137}Cs 计数记录表

探测器种类及型号：　　　　　　　　　探测器高压：

定标器阈值：　　　　　　　　　　　　测量时间 t：

测量次数	1	2	3	4	5	6
计数						
…	…	…	…	…	…	…
测量次数	95	96	97	98	99	100
计数						

九、　参 考 文 献

北京大学, 复旦大学. 1984. 核物理实验[M]. 北京: 原子能出版社.

卢希庭. 1981. 原子核物理[M]. 北京: 原子能出版社.

郑成法. 1983. 核辐射测量[M]. 北京: 原子能出版社.

实 验 2-2

气体探测器的认识

一、 **实 验 目 的**

(1) 认识几种常用的气体探测器，了解气体探测器的工作原理.
(2) 认识气体探测器测量系统的组成部分.
(3) 认识气体探测器的工作条件、性能指标等.

二、 **实 验 内 容**

(1) 观测 BF_3 正比计数管和 G-M 计数管输出信号随高压变化的关系.
(2) 观察 BF_3 正比计数管和 G-M 计数管测量不同放射源时输出的脉冲幅度谱.
(3) 观察 BF_3 正比计数管和 G-M 计数管计数率随工作电压的变化关系.

三、 气体探测器原理

　　气体探测器是利用收集射线在气体中产生的电离电荷来探测辐射的探测器.
它通常由高压电极和收集电极组成，常见的是两个同轴的圆柱形电极，两个电极
由绝缘体隔开并密封于容器内. 电极间充气体并外加一定的电压，如图 2-2-1 所
示. 辐射使电极间的气体电离，生成的电子和正离子在电场作用下漂移，最后被
收集到电极上. 电子和正离子生成后，由于静电感应，电极上将产生感生电荷，
并且随它们的漂移而变化. 于是，在输出回路中形成电离电流，电流的强度取决
于被收集的离子对数.

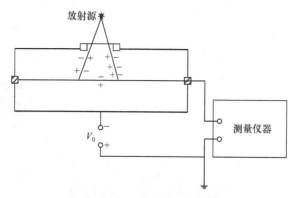

图 2-2-1　离子收集装置的示意图

常见的气体探测器有电离室、正比计数管和 G-M 计数管. 它们的基本结构和组成部分是相似的, 只是工作条件不同使性能有差别, 且适用于不同的场合, 在设计上也有各自的要求. 如图 2-2-2 所示为圆柱形电离室结构示意图, 它和静电计相配合可以测量在一定时间范围内较强辐射产生的平均电离电流, 从而确定辐射强度. 电离室工作在饱和区, 设电离室中单位时间内产生的离子对数为 N, 饱和电流 $I_0 = Ne$, e 为电子电荷, N 是与辐射强度相关的, 所以通过测量饱和电离电流可以推知相应的辐射强度. 正比计数器工作于正比区, 在离子收集的过程中将出现气体放大现象, 即被加速的原电离电子在电离碰撞中逐次倍增而形成电子雪崩. 于是, 在收集电极上感生的脉冲幅度 V_∞ 将是原电离感生的脉冲幅度的 M 倍, 即 $V_\infty = -\dfrac{MNe}{C_0}$, 常数 M 称为气体放大系数, N 为原电离离子对数, C_0 为管子两极间的电容, e 为单位电荷, 负号表示负极性输出. 正比计数器可根据不同的探测对象充气, 如探测热中子时充 BF_3 气体, 探测快中子时充 H_2、

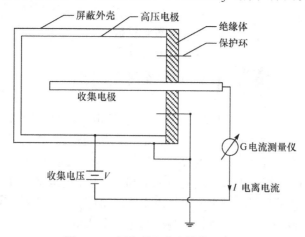

图 2-2-2　圆柱形电离室结构示意图

CH_4 和 ^3H 气体，探测 X 射线时充 Kr 或 Xe 气体等. G-M 计数管工作于盖革区，在此区中气体放大系数随电压急剧上升，并失去与原电离的正比关系，电子雪崩持续发展成自激放电，此时增殖的离子对总数就与原电离无关了，入射带电粒子仅起一个触发放电的作用. 因此 G-M 计数管不能鉴别粒子的类型和能量，只能用于计数，根据探测对象以及使用场合的不同，G-M 计数管可以被制作为不同的大小和形状，如图 2-2-3 所示为不同类型的 G-M 计数管.

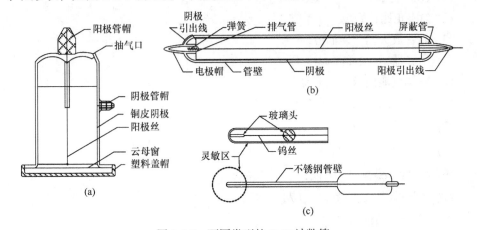

图 2-2-3　不同类型的 G-M 计数管

(a) 钟罩形 β 计数管；(b) 圆柱形 γ 计数管；(c) 针形 γ 计数管

测量气体探测器计数率随工作电压的变化，可以得到如图 2-2-4 所示的特性曲线，计数率与工作电压值理论上无关的那一区段称为坪区. 坪区的电压范围 $V_1 \sim V_2$ 称为坪长. 所加电压每改变 100V，计数率 n 相应的改变，称为坪斜 K. K 以计数率 n 改变的百分比给出，即

$$K = \frac{n_2 - n_1}{\frac{1}{2}(n_2 + n_1)} \times 100\% \times \frac{100}{V_2 - V_1} \tag{2-2-1}$$

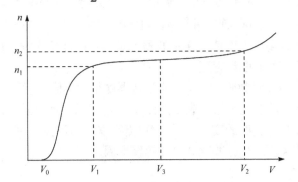

图 2-2-4　探测器计数率-工作电压特性曲线

对应定标器开始计数的电压值 V_0,称为起始电压. 如图 2-2-4 所示之 V_3 是探测器正常工作时应选取的工作电压值. V_3 一般选在距离坪的起端(V_1)1/3~1/2 坪长的地方.

四、 实 验 装 置

(1) G-M 计数管　　1 支;

(2) BF$_3$ 正比计数管　　1 支;

(3) 前置放大器　　1 台;

(4) 示波器　　1 台;

(5) 一体化能谱仪　　1 台;

(6) 一体化定标器　　1 台;

(7) ^{137}Cs 源　　1 枚;

(8) ^{60}Co 源　　1 枚;

(9) ^{241}Am (α)源　　1 枚;

(10) ^{90}Sr - ^{90}Y (β)源　　1 枚;

(11) ^{241}Am - Be 中子源　　1 枚.

五、 实验步骤及数据处理

1. 使用示波器观测 BF$_3$ 正比计数管与 G-M 计数管输出信号随高压变化的关系

(1) 使用 G-M 计数管分别测量 ^{137}Cs、^{60}Co、^{241}Am 和 ^{90}Sr - ^{90}Y 放射源,从 0V 开始逐渐增加高压至探测器说明书规定高压上限值,在示波器上观测不同高压下输出信号的变化. 记录不同高压下输出信号对应的脉冲幅度和宽度.

(2) 使用 BF$_3$ 正比计数管测量 ^{241}Am - Be 中子源,从 0V 开始逐渐增加高压至探测器说明书规定高压上限值,在示波器上观测不同高压下输出信号的变化. 记录不同高压下的脉冲幅度和宽度.

(3) 分别将 G-M 计数管和 BF$_3$ 正比计数器测得的不同放射源的输出信号幅度和脉冲宽度随高压的变化记录于表 2-2-1. 分析对于同一种放射源,随着高压的变化,信号幅度和脉冲宽度的变化,并解释原因. 对于不同种类的放射源,在相同高压下,比较信号幅度和脉冲宽度,并解释原因.

▶ 2. 使用一体化能谱仪测量 BF₃ 正比计数管与 G-M 计数管输出的脉冲幅度谱

(1) 使用 G-M 计数管分别测量 ^{137}Cs、^{60}Co、^{241}Am 和 ^{90}Sr - ^{90}Y 放射源，从 0V 开始逐渐增加高压，观测不同高压下能谱仪输出脉冲幅度谱的变化.

(2) 将 G-M 计数管测得的不同放射源的脉冲幅度谱峰位道址记录于表 2-2-2，分析对于同一种类放射源，随着高压的变化，峰位道址的变化，并解释原因，对于不同种放射源，在相同高压下，比较峰位道址的位置，并解释原因.

(3) 使用 BF₃ 正比计数管测量 ^{241}Am - Be 中子源，从 0V 缓慢调节高压，观测不同高压下能谱仪输出脉冲幅度谱的变化，保存原始数据，选取其中一组数据，利用数据处理软件画出 BF₃ 正比计数管测得的 ^{241}Am - Be 中子源的脉冲幅度谱.

▶ 3. 观察 BF₃ 正比计数管与 G-M 计数管计数率随工作电压的变化关系

(1) 用 G-M 计数管测量 ^{137}Cs 放射源，从 0V 开始缓慢调节高压，记录不同高压下一体化定标器输出的计数(要求每一测量点的计数的相对标准误差小于 2%).

(2) 使用 BF₃ 正比计数管测量 ^{241}Am - Be 中子源，从 0V 开始逐渐增加高压，记录不同高压下一体化定标器输出的计数(要求每一测量点的计数的相对标准误差小于 2%).

(3) 将 BF₃ 正比计数管与 G-M 计数管测得的不同放射源的计数率随高压的变化记录于表 2-2-3，利用数据处理软件分别作出 BF₃ 正比计数管和 G-M 计数管计数率-工作电压的特性曲线，给出两种计数管的起始电压、坪长、坪斜等参数.

▶ 六、 思 考 题

(1) 设一个粒子的能量为 E, 在气体中产生一对离子消耗的能量为 ω. 单位时间有 n 个粒子穿过电离室灵敏体积，若其能量全部消耗在此体积内，写出电离电流的表达式.

(2) BF₃ 正比计数管可否用来鉴别粒子的类型和能量? 为什么?

(3) 分别阐述卤素管与有机管猝熄的机制与原理.

▶ 七、 实验安全操作及注意事项

(1) 使用 G-M 计数管时，一定要轻拿轻放，切勿触碰 G-M 计数管前端的云母窗，以免损坏.

(2) 放射性核素实验必须要经过安全培训，并通过安全考试才能动手操作，因此，本实验为演示性实验，实验过程中不允许动手操作放射源.

(3) 在指导老师进行实验演示过程中，必须停留在老师指定的安全区域内，以免受到意外照射.

八、 附 录

原始数据记录在表 2-2-1～表 2-2-3 中.

表 2-2-1　用示波器观察气体探测器输出信号记录表

探测器种类及型号：　　　　　　　　　放射源：

测量时间 t：

高压/V						
信号幅度						
脉冲宽度						

表 2-2-2　气体探测器输出脉冲幅度谱峰位道址随高压的变化记录表

探测器种类及型号：　　　　　　　　　增益：

放射源：　　　　　　　　　　　　　测量时间 t：

高压/V						
峰位道址						

表 2-2-3　气体探测器计数率随工作电压变化记录表

探测器种类及型号：　　　　　　　　　阈值：

放射源：　　　　　　　　　　　　　测量时间 t：

高压/V							
计数							
计数率							

九、 参 考 文 献

北京大学, 复旦大学. 1984. 核物理实验[M]. 北京: 原子能出版社.

复旦大学, 清华大学, 北京大学. 1981. 原子核物理实验方法[M]. 北京: 原子能出版社.

汲长松. 1990. 核辐射探测器及其实验技术手册[M]. 北京: 原子能出版社.

郑成法. 1983. 核辐射测量[M]. 北京: 原子能出版社.

实 验 2-3

闪烁体探测器的认识

一、 **实 验 目 的**

(1) 认识闪烁体探测器的组成部件及结构构造.

(2) 认识不同类型的闪烁体探测器，了解用于测量不同射线的闪烁体探测器的特征与区别.

(3) 认识闪烁体探测器的工作条件、性能指标等.

二、 **实 验 内 容**

(1) 观察闪烁体探测器计数率与光电倍增管工作电压的关系.

(2) 观察闪烁体探测器测量^{137}Cs、^{60}Co 的 γ 能谱，认识探测器的能量分辨率.

(3) 观察塑料闪烁体探测器、液体闪烁体探测器测量中子的信号，了解 n/γ 的甄别方法.

三、 **闪烁体探测器原理**

闪烁体探测器主要由闪烁体、光电转换器件、电子学部件，以及光耦合剂、外壳等部分组成，如图 2-3-1 所示.

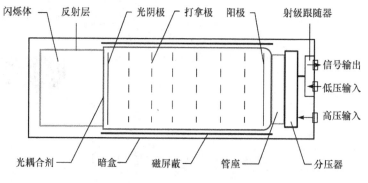

图 2-3-1　闪烁体探测器结构图

▶ 1. 闪烁体探测器的工作原理及过程

入射粒子进入闪烁体并在闪烁体内损失能量，使闪烁体原子/分子激发和电离；受激原子/分子退激时发射闪烁光子；闪烁光子通过反射层收集后，打到光电倍增管的光阴极上，通过光电效应产生光电子；光电子在光电倍增管的打拿极系统中传输并倍增，最后被阳极收集，形成电脉冲信号输出.

▶ 2. 常见的闪烁体

(1) 无机闪烁体，如 NaI(Tl)、CsI(Tl)、CsI(Na)、ZnS(Ag)等.

(2) 有机闪烁体，如塑料闪烁体、有机液体闪烁体、有机晶体(如蒽、芪晶体)等.

光电倍增管主要由光阴极、打拿极、聚焦电极、阳极和密封玻璃外壳等部分组成，其主要功能是将光信号转换成电信号，并将电信号倍增放大. 光电倍增管工作原理示意图如图 2-3-2 所示.

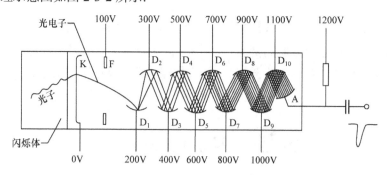

图 2-3-2　光电倍增管工作原理示意图

K-光阴极；F-聚焦极；$D_1 \sim D_{10}$-打拿极；A-阳极

传统的光电倍增管可分为聚焦型和非聚焦型两大类. 聚焦型光电倍增管的电子渡越时间分散小、脉冲线性电流大、总增益对极间电压变化较为敏感，因此对电压稳定性要求高，适用于时间响应要求高的测量场合，如图 2-3-3(a)环状聚焦型结构、(b)直线聚焦型结构所示；非聚焦型光电倍增管的电子渡越时间分散较大，但其总增益大、平均输出电流大、暗电流较小，可得到较好的能量分辨率，适用于能谱测量，如图 2-3-3(c)盒栅型结构、(d)百叶窗型结构所示.

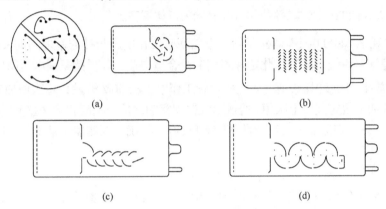

(a)　　　　　　　　　　(b)

(c)　　　　　　　　　　(d)

图 2-3-3　几种常见光电倍增管结构示意图

(a) 环状聚焦型结构；(b) 直线聚焦型结构；(c) 盒栅型结构；(d) 百叶窗型结构

近年来，发展起来的丝网型、光刻微网型、光刻金属微通道型电子倍增系统结构紧凑、抗磁场能力强、时间特性好，可用于多阳极输出，实现位置灵敏测量，以及电子轰击型电子倍增系统，可以获得较低的噪声、很好的线性和一致性.

四、　实验装置

(1) NaI(Tl)闪烁体探测器　　1 个；

(2) LaBr$_3$(Ce)闪烁体探测器　　1 个；

(3) ZnS(Ag)探测器　　1 个；

(4) 液体闪烁体探测器　　1 个；

(5) 塑料闪烁体探测器　　1 个；

(6) 一体化能谱仪　　1 台；

(7) 一体化定标器　　1 台；

(8) 示波器　　1 台；

(9) ^{137}Cs 源　　1 枚；

(10) ^{60}Co 源　　1 枚；

(11) ^{90}Sr - ^{90}Y (β)源　　1 枚；

(12) ^{241}Am (α)源　　1 枚；

(13) ^{241}Am - Be 中子源   1 枚.

五、 实验步骤及数据处理

1. NaI(Tl)闪烁体探测器/LaBr₃(Ce)闪烁体探测器

(1) 观察 NaI(Tl)闪烁体探测器光电倍增管工作电压与计数率之间的关系.

搭建测量系统,将一体化定标器调节至合适增益,并保持甄别电压阈值不变,将 ^{137}Cs 放于 NaI(Tl)探头前,光电倍增管工作电压从 50V 开始,每次增加 50V 至探测器说明书规定高压上限值,通过示波器观察输出信号幅度和脉冲宽度随高压的变化,在一体化定标器上观察计数率随高压的变化,确定探测器正常工作高压范围,记录于表 2-3-1.

(2) 观察 ^{137}Cs 、 ^{60}Co 的 γ 脉冲幅度谱.

① 将一体化定标器换成一体化能谱仪,设置高压于步骤(1)确定的工作高压范围内,将 ^{137}Cs 放于 NaI(Tl)探头前,调节放大器增益,通过能谱图辨认全能峰、康普顿坪、反散射峰、X 射线峰,并认识放大器增益与能谱的关系.

② 将 ^{137}Cs 换成 ^{60}Co ,调节增益,在能谱图上辨认两个全能峰.

(3) 认识探测器的能量分辨率.

使用 NaI(Tl)闪烁体探测器,通过一体化能谱仪测量 ^{137}Cs 、 ^{60}Co 能谱,观察全能峰半高宽,并将能量分辨率及系统工作状态记录于表 2-3-2.

(4) 认识 NaI(Tl)闪烁体探测器对其他射线的探测能力.

将 ^{137}Cs 换成 ^{90}Sr - ^{90}Y (β)、 ^{241}Am (α),通过一体化能谱仪对比观察 NaI(Tl)对α、 β 粒子的探测结果.

(5) 对比用于 γ 射线测量的不同类型探测器的区别.

将 NaI(Tl)闪烁体探测器换成 LaBr₃(Ce)闪烁体探测器,重复实验步骤(1)～(4).

(6) 将两组测量得到的全能峰半高宽进行比较,判断哪一种探测器能量分辨率更高.

2. ZnS(Ag)探测器

(1) 观察 ZnS(Ag)探测器光电倍增管工作电压与计数率之间的关系.

搭建测量系统,调节一体化定标器的增益和甄别电压阈值,将 ^{241}Am (α)源放于 ZnS(Ag)探头前,尽可能靠近但不接触,光电倍增管工作电压从 50V 开始,每次增加 50V 至说明书规定高压上限值,通过示波器观察输出信号幅度和脉冲宽度随高压的变化,同时在一体化定标器上观察计数率随高压的变化,记录于表 2-3-1.

(2) 认识空气对α粒子的阻止能力.

保持一体化定标器增益、甄别电压阈值不变，设置高压于步骤(1)确定的工作高压范围内，将 ^{241}Am (α)源放于 ZnS(Ag)探头前，尽可能靠近但不接触，然后逐渐改变 ^{241}Am (α)源与探头之间的距离，通过一体化定标器观察计数率的变化.

(3) 认识 ZnS(Ag)探测器对其他射线的探测能力.

将 ^{241}Am (α)换成 ^{90}Sr - ^{90}Y (β)、^{137}Cs，通过一体化定标器对比观察 ZnS(Ag)对 γ、β 粒子的探测结果.

▶ 3. 液体闪烁体探测器/塑料闪烁体探测器

(1) 观察液体闪烁体探测器光电倍增管工作电压与计数率之间的关系.

搭建测量系统，调节一体化定标器的增益和甄别电压阈值，将液体闪烁体探测器置于中子源收储实验平台上，光电倍增管工作电压从 50V 开始，每次增加 50V 至说明书规定高压上限值，通过示波器观察输出信号幅度和脉冲宽度随高压的变化，同时在一体化定标器上观察计数率随高压的变化，记录于表 2-3-1.

(2) 观察液体闪烁体探测器输出的脉冲信号，了解 n/γ 甄别方法.

保持一体化定标器增益、甄别电压阈值不变，设置高压于步骤(1)确定的工作高压范围内，将液体闪烁体探测器输出信号接到示波器上，观察探测器输出的脉冲信号波形，调研 n/γ 甄别的方法：脉冲形状甄别(PSD)和飞行时间(TOF)法.

(3) 对比液体闪烁体探测器与塑料闪烁体探测器的区别.

将液体闪烁体探测器换成塑料闪烁体探测器，重复实验步骤(1)和(2).

▶ 六、 思 考 题

(1) 试分析使用不同晶体尺寸的 NaI(Tl)探测器测量同一 γ 放射源时，其测量结果会有什么变化.

(2) 为提高测量能谱的能量分辨率，可以采取哪些方法？

(3) 测量不同射线时应该如何选择探测器？

(4) ^{241}Am - Be 中子源同时释放出哪些射线？液体闪烁体探测器是否能同时探测到这些射线，一体化定标器测量的计数结果中包含了哪些射线？是否能够对这些射线进行甄别？

(5) 塑料闪烁体有哪些类型？用于测量中子源时有哪些区别？是否所有塑料闪烁体都能进行 n/γ 甄别？

七、 实验安全操作及注意事项

(1) 观察闪烁晶体时，要轻拿轻放，以免损坏.

(2) 液体闪烁体内部液体有剧毒，如发现有异味、疑似泄漏时，应立即向实验指导老师汇报，由指导老师确认是否泄漏，并在老师指挥下按照"实验室应急疏散路线图"撤离实验室.

(3) 放射性核素实验必须要经过安全培训，并通过安全考试才能动手操作，因此，本实验为演示性实验，实验过程中不允许动手操作放射源.

(4) 在指导老师进行实验演示过程中，必须停留在老师指定的安全区域内，以免受到意外照射.

八、 附 录

原始数据记录在表 2-3-1 和表 2-3-2 中.

表 2-3-1 探测器计数率随工作电压变化记录表

探测器类型及型号：　　　　　　　　放射源：

阈值：　　　　　　　　　　　　　　增益：

测量时间 t：

高压/V								
计数								
计数率								

表 2-3-2 探测器能量分辨率测量记录表

探测器类型及型号：　　　　　　　　放射源：

增益：　　　　　　　　　　　　　测量时间 t：

射线能量	能量 1	...	能量 n
全能峰中心道道址			
能量分辨率			

九、　参 考 文 献

北京大学, 复旦大学. 1984. 核物理实验[M]. 北京: 原子能出版社.

陈伯显, 张智. 2011. 核辐射物理及探测学[M]. 哈尔滨: 哈尔滨工程大学出版社.

丁洪林. 2010. 核辐射探测器[M]. 哈尔滨: 哈尔滨工程大学出版社.

复旦大学, 清华大学, 北京大学. 1981. 原子核物理实验方法[M]. 北京: 原子能出版社.

汤彬, 葛良全, 方方, 等. 2011. 核辐射测量原理[M]. 哈尔滨: 哈尔滨工程大学出版社.

郑成法. 1983. 核辐射测量[M]. 北京: 原子能出版社.

L'Annunziata M F. 2006. 放射性分析手册[M]. 2 版. 《放射性分析手册》(第二版)翻译组, 译. 北京: 原子能出版社.

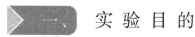

实 验 2-4

半导体探测器的认识

  实 验 目 的

(1) 认识不同类型的半导体探测器，了解用于测量不同射线的半导体探测器的特征与区别.

(2) 认识半导体探测器测量系统的组成部分.

(3) 认识半导体探测器的工作条件、性能指标等.

  实 验 内 容

(1) 观察金硅面垒探测器/α-PIPS(PIPS 即钝化离子注入平面工艺)探测器测量系统组成，观察 α 粒子能谱.

(2) 观察高纯锗(HPGe)探测器测量系统组成，观察 γ 射线能谱.

(3) 观察碲锌镉(CdZnTe)探测器测量 γ 射线能谱.

(4) 观察 X-PIPS 探测器测量低能 γ 射线、X 射线能谱.

三、 **半导体探测器原理**

半导体探测器是一种反向偏置的 pn 结二极管，工作原理与气体电离室相似，不同的是用半导体，如硅、锗等，取代了通常气体电离室探测器中的气体，所以半导体探测器实质上就是一个固体电离室.

半导体探测器工作原理如图 2-4-1 所示，在反向偏压下，半导体 pn 结形成一个具有一定厚度的耗尽区，当射线入射到耗尽区时，射线与物质相互作用，产生电子-空穴对. 电子与空穴在耗尽区电场作用下, 分别向两极运动, 在电极上产生感生电荷从而产生脉冲信号, 当电子与空穴被电极收集, 脉冲信号达到饱和值时, 脉冲信号幅度正比于入射粒子在耗尽区中所损耗的能量. 在硅中产生一个电子-空穴对需要的能量为 3.60eV, 在锗中为 2.95eV.

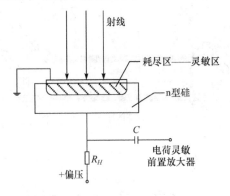

图 2-4-1　半导体探测器工作原理图

pn 结特性如图 2-4-2 所示, (a)为结区内的电荷分布示意图, (b)为结区内电场强度分布图, (c)为结区内电势变化情况示意图.

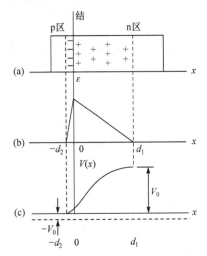

图 2-4-2　pn 结特性

常见的半导体探测器有: ①用于测量短射程带电粒子的金硅面垒探测器, 其结构示意如图 2-4-3 所示; ②主要用于测量低能 X 射线和 γ 射线的 Si(Li)探测器, 其结构示意如图 2-4-4 所示; ③可用于最高达 10MeV 能量 γ 射线测量的同轴型高纯锗探测器, 如图 2-4-5 所示, (a)为双开端同轴型, (b)为单开端同轴型; ④用于测量中高能带电粒子、300～600keV 的 X/γ 射线的平面型高纯锗探测器；⑤化合物半导体探测器，如碲化镉(CdTe)、碘化汞(HgI_2)、碲锌镉(CdZnTe)；⑥均匀型半导体探测器，如 CVD 金刚石探测器；⑦雪崩型半导体探测器，如雪崩二极管、耗尽型 p 沟道 MOS 晶体管；等.

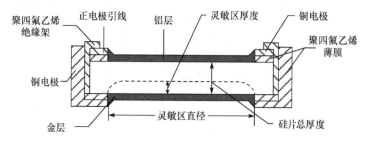

图 2-4-3　金硅面垒探测器结构示意图

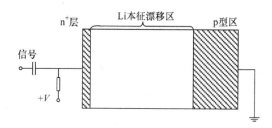

图 2-4-4　Si(Li)探测器结构示意图

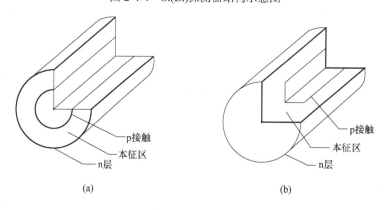

(a)　　　　　　　　　　　(b)

图 2-4-5　同轴型高纯锗探测器结构示意图

 四、 实 验 装 置

(1) 高纯锗探测器　　1 台；

(2) 金硅面垒探测器　　1 个；

(3) X-PIPS 探测器　　1 个；

(4) α-PIPS 探测器　　1 个；

(5) 碲锌镉探测器　　1 个；

(6) 一体化能谱仪　　1 台；

(7) 示波器　　1 台；

(8) NIM 机箱及电子学系统　　1 套；

(9) 半导体探测器(α)实验平台　　1 套；

(10) ^{241}Am (α)源　　1 枚；

(11) ^{137}Cs 源　　1 枚；

(12) ^{60}Co 源　　1 枚；

(13) ^{152}Eu 源　　1 枚；

(14) ^{238}Pu 源　　1 枚；

(15) ^{90}Sr - ^{90}Y (β)源　　1 枚；

(16) 铁、铜、铅样品　　各一片.

五、 实验步骤及数据处理

▶ 1. 金硅面垒探测器/α-PIPS 探测器

(1) 认识并了解金硅面垒探测器/α-PIPS 探测器测量系统组成.

观察测量室、真空系统、金硅面垒探测器/α-PIPS 探测器、电子学系统，并了解各部分的作用.

(2) 观察偏压对金硅面垒探测器测量结果的影响.

搭建测量系统，将 ^{241}Am (α)源放置到 α 粒子能量损失测量实验平台的样品支架上并对准金硅面垒探测器，测量室抽真空，调节一体化能谱仪增益，偏压设置为 0V，在一体化能谱仪上观察 ^{241}Am (α)源能谱，然后以 10V 为间隔，逐渐增加到金硅面垒探测器允许的最高偏压，通过示波器观察输出信号幅度和脉冲宽度随高压的变化，在一体化能谱仪上观察能谱随高压的变化并记录于表 2-4-1.

(3) 观察 ^{241}Am (α)源能谱.

调节一体化能谱仪增益和偏压，观察 ^{241}Am (α)全能峰的变化，并找出能量分辨率最好时的增益和偏压大小，并将能量分辨率及系统工作状态记录于表 2-4-2.

(4) 认识金硅面垒探测器工作环境条件.

保持步骤(2)的增益和偏压状态，打开测量室充气阀，对测量室内缓慢充入空气，在一体化能谱仪上观察能谱的变化.

(5) 认识金硅面垒探测器对其他射线的探测能力.

将 ^{241}Am (α)源换成 ^{137}Cs 、 ^{90}Sr - ^{90}Y (β)源，在能谱仪上观察探测器输出的能谱图.

(6) 对比用于测量α射线的不同类型探测器的区别.

将金硅面垒探测器换成α-PIPS 探测器，重复步骤(1)～(4). 比较两组测量得到的全能峰半高宽，判断哪一种探测器能量分辨率更高.

▶ 2. 高纯锗探测器

(1) 认识了解高纯锗探测器测量系统组成.

观察液氮制冷系统、铅屏蔽室、高纯锗探测器、电子学系统，并了解各部分的作用.

(2) 观察高纯锗测量 ^{137}Cs 源能谱.

搭建测量系统，将 ^{137}Cs 源放到高纯锗探测器样品支架上，关闭铅屏蔽室，设置放大器增益，通过示波器观察输出信号幅度，在能谱仪上观察 ^{137}Cs 源能谱.

(3) 能谱测量、观察能量分辨率随射线能量变化的关系.

设置放大器增益及高压，观察 ^{137}Cs 、 ^{60}Co 、 ^{152}Eu 源的γ能谱，分别将能量分辨率及系统工作状态记录于表 2-4-2.

(4) 认识高纯锗探测器对其他射线的探测能力.

相同条件下，测量 ^{90}Sr - ^{90}Y (β)源、 ^{241}Am (α)源，观察并分析其能谱.

▶ 3. 碲锌镉探测器

(1) 观察改变高压对碲锌镉探测器探测结果的影响.

搭建测量系统，将 ^{137}Cs 源对准碲锌镉探测器，调节一体化能谱仪增益，将碲锌镉探测器上的高压由 0V 逐渐增加到允许的最大值，通过示波器观察输出信号幅度和脉冲宽度随高压的变化，在一体化能谱仪上观察能谱的中心道道址随高压的变化并记录于表 2-4-1.

(2) 观察 ^{137}Cs 、 ^{60}Co 源的γ能谱.

调节增益和高压，观察 ^{137}Cs 源全能峰的变化，并找出能量分辨率最好时的增益和高压大小，将能量分辨率及系统工作状态记录于表 2-4-2. 将 ^{137}Cs 源换成 ^{60}Co 源，观察 ^{60}Co 源的全能峰及能量分辨率，将能量分辨率及系统工作状态记录于表 2-4-2.

(3) 认识碲锌镉探测器对其他射线的探测能力.

保持步骤(2)测量条件不变，将放射源分别替换为 ^{90}Sr - ^{90}Y (β)源、^{241}Am (α)源，观察并分析其能谱.

▶ 4. X-PIPS 探测器

(1) 观察 X-PIPS 探测器测量 ^{238}Pu 源脉冲幅度谱.

搭建测量系统，将 ^{238}Pu 源放到放射源支架上，调节放大器增益，通过示波器观察输出脉冲信号，通过多道分析器观察 ^{238}Pu 源能谱.

(2) 观察铁、铜、铅样品的特征 X 射线能谱.

分别将铁、铜、铅样品放置到样品支架上，转动放射源支架到合适角度，观察 Fe、Gu、Pb 的特征 X 射线能谱，对比 X-PIPS 对 Fe、Cu、Pb 的特征 X 射线能量分辨率差别，并将能量分辨率及系统工作状态记录于表 2-4-2.

(3) 认识 X-PIPS 探测器对其他射线，以及高能 γ 射线的探测能力.

相同条件下，测量 ^{90}Sr - ^{90}Y (β)源、^{241}Am (α)源、^{137}Cs 源、^{60}Co 源，观察并分析其能谱.

▶ 六、 思 考 题

(1) 随着加在金硅面垒探测器上的偏压逐渐上升，能谱会有什么变化？为什么？如何给金硅面垒探测器设置合适的工作偏压？

(2) 能否用金硅面垒探测器探测 γ 射线？为什么？

(3) 高纯锗探测器测量 ^{137}Cs 、^{60}Co 源时，各个全能峰的能量分辨率是否一致？为什么？

(4) X-PIPS 探测器为什么只能测量低能 X/γ 射线？

▶ 七、 实验安全操作及注意事项

(1) 观察探测器时，要轻拿轻放，严禁触摸探头表面.

(2) 放射性核素实验必须要经过安全培训，并通过安全考试才能动手操作，因此，本实验为演示性实验，实验过程中不允许动手操作放射源及射线装置.

(3) 观察高纯锗探测器时，务必注意使用铅屏蔽室及液氮安全.

(4) 在指导老师进行实验演示过程中，必须停留在老师指定的安全区域内，以免受到意外照射.

八、 附　　录

原始数据记录在表 2-4-1 和表 2-4-2 中.

表 2-4-1　全能峰中心道道址随工作电压变化数据记录表

探测器类型及型号：		放射源：						
增益：		测量时间 t：						
高压/V								
全能峰中心道道址								

表 2-4-2　探测器能量分辨率测量数据记录表

探测器类型及型号：		增益：		
放射源/待测样品：		测量时间 t：		
射线能量				...
全能峰中心道道址				
能量分辨率				

九、 参 考 文 献

北京大学, 复旦大学. 1984. 核物理实验[M]. 北京: 原子能出版社.

陈伯显, 张智. 2011. 核辐射物理及探测学[M]. 哈尔滨: 哈尔滨工程大学出版社.

丁洪林. 2009. 核辐射探测器[M]. 哈尔滨: 哈尔滨工程大学出版社.

复旦大学, 清华大学, 北京大学. 1981. 原子核物理实验方法[M]. 北京: 原子能出版社.

汤彬, 葛良全, 方方, 等. 2011. 核辐射测量原理[M]. 哈尔滨: 哈尔滨工程大学出版社.

郑成法. 1983. 核辐射测量[M]. 北京: 原子能出版社.

第三部分 辐射探测实验

辐射探测实验作为核工程与核技术专业的基础实验课程之一，设计了9个实验．内容包含不同种类射线的测量方法，不同类型探测器的使用方法及性能对比，使用不同探测器测量同一射线的结果对比，以及一些常见的放射性分析测量方法、数据处理方法等．

通过这部分实验的学习，要求学生能根据实验测量需求，自主设计实验方案，选择合适的探测器自主搭建测量平台，并能熟练地使用相关设备完成测量任务，分析、处理实验数据，为后续开展综合实验和创新实验奠定基础．

这是学生初次操作放射源完成放射性实验，所以要求学生在进入实验室开展实验前，必须经过安全培训，通过安全考试．实验过程中应要求学生严格按照相关规程操作仪器、放射源和射线装置，培养学生的放射性安全意识．

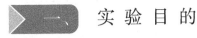

実験 3-1

G-M 计数管坪曲线的测量

一、 实 验 目 的

(1) 了解 G-M 计数管的结构和工作原理.

(2) 学习 G-M 计数管坪曲线的测量方法，了解坪曲线的主要参数.

(3) 学会通过 G-M 计数管的坪曲线，选择 G-M 计数管的工作电压.

(4) 学习 G-M 计数装置分辨时间的测量方法，学会由存在分辨时间导致的计数误差的修正.

二、 实 验 内 容

(1) 测量 G-M 计数管的坪曲线：在一定的甄别阈下，改变工作电压测量计数率随工作电压的变化曲线(坪曲线)，由坪曲线给出起始电压、坪长、坪斜等参数，并确定 G-M 计数管的工作电压.

(2) 用双源法测量 G-M 计数装置的分辨时间.

三、 实 验 原 理

▶ 1. G-M 计数管的结构与工作原理

G-M 计数管，是一种气体探测器，当带电粒子射入其灵敏体积时，与管内气体分子碰撞而引起气体分子电离. 电离产生的电子在阳极附近的强电场中又引起一系列碰撞电离，即触发"自持放电". 这一过程产生的电子和正离子向两极漂移时，在外回路中产生一个脉冲信号.

从 G-M 计数管的工作机理可以看出，入射带电粒子仅起一个触发放电的作用.

因此 G-M 计数管不能鉴别粒子的类型和能量，只能用于计数测量. 根据探测对象以及使用场合的不同，G-M 计数管可以被制作成不同的大小和形状. 本实验用到的 G-M 计数管的结构示意图如图 3-1-1 所示，计数管结构为圆柱形，阳极是一根细金属丝，位于圆筒形阴极的轴线上，阴极材料为不锈钢，两极间充有一定量的惰性气体和卤素猝灭气体. G-M 计数管前端有一质量厚度为 2.0mg/cm^2 的云母窗，可用来探测 α 射线、β 射线和 γ 射线.

图 3-1-1　圆柱形α、β、γ 射线 G-M 计数管

▶ 2. G-M 计数管的坪曲线

当脉冲产生后，需记录进入仪器的脉冲个数，而脉冲幅度大于阈值才能被记录，脉冲幅度的大小又与 G-M 计数管的电场(所加工作电压)有关，这样就导致了当进入计数管的粒子数不变时，在不同的外电压情况下，过阈的脉冲个数有所不同. 因此，在使用 G-M 计数管前常需要测量 G-M 计数管计数率随工作电压的变化曲线，称之为 G-M 计数管的坪曲线. 坪曲线是衡量计数管性能的重要标志. 坪曲线的特点：当探测器在强度不变的放射源照射下从小到大调节工作电压时，可发现计数率从无到有，并迅速增加；当工作电压继续增加时，计数率仅略随电压增大，并存在一个明显的平坦区域；工作电压再继续升高时，计数率又急剧上升形成连续放电，如图 3-1-2 所示. 可见，表征 G-M 计数管坪曲线的主要参数如下.

(1) 起始电压 V_d：计数装置开始计数时的电压.

(2) 坪长：如图 3-1-2 所示，$V_p \sim V_q$ 的区间(坪区)是计数管的工作区间. 计数管的工作电压常选择在坪区的前 1/3～1/2 处.

(3) 坪斜：在坪区内，计数率随所加电压略有升高，表现为有一定的坡度，称为坪斜. 常以坪区内工作电压每增加 100V 时，计数率增长的百分率来表示

$$坪斜 = \frac{n_q - n_p}{\frac{1}{2}(n_q + n_p)} \times \frac{100}{V_q - V_p} \times 100\%(\%/100\text{V}) \tag{3-1-1}$$

注意：在测量坪曲线过程中，当发现计数率急剧增加时(电压超过 V_q)，表示计数管进入放电区. 这会迅速消耗 G-M 计数管的猝灭气体分子，导致计数管寿命的减少，应尽量避免发生这种情况. 具体做法是：当进入坪区测量时，一旦发生计数率急剧增加，应迅速降低所加电压，退出放电区.

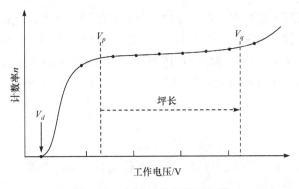

图 3-1-2   G-M 计数管的坪曲线

3. G-M 计数管的死时间、恢复时间和分辨时间

G-M 计数管在一次放电之后，大量的电子很快被收集，而正离子却几乎不动地包围着阳极，形成正离子鞘，阳极附近的电场随着正离子鞘的形成而逐渐减弱，这时，若再有粒子进入就不能引起放电，直到正离子鞘移出强场区，场强恢复到足以维持放电的强度为止，这段时间称为死时间 t_D. 经过死时间后，雪崩区的场强逐渐恢复，但是在正离子完全被收集之前是不能达到正常值的，在这期间，粒子进入计数管所产生的脉冲幅度要低于正常幅度，直到正离子全部被收集才完全恢复，这段时间称为恢复时间 t_R. 在实际中更有意义的是计数系统的分辨时间 τ，因为电子线路有一定的甄别阈 V_d，也就是说，脉冲幅度必须超过 V_d 时才能被记录. 因此，从第一个脉冲开始到第二个脉冲的幅度恢复到 V_d 的时间 τ 内，进入计数管的粒子均无法被记录下来. τ 便称为计数系统的分辨时间，显然 $t_D < \tau < t_D + t_R$，如图 3-1-3 所示.

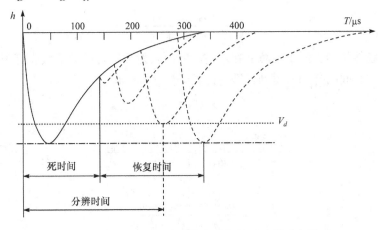

图 3-1-3   观察死时间和恢复时间的示波器示意图

由于分辨时间 τ 的存在，若相继进入计数管的两粒子的时间间隔小于分辨时间，第二个粒子就会被漏记，造成计数的损失．假设 m 为单位时间内计数装置实际测得的平均粒子数，n 为单位时间内真正进入计数管的平均粒子数，τ 为计数装置的分辨时间，在分辨时间 τ 不变时，单位时间内计数装置漏记的粒子数为

$$n - m = nm\tau \tag{3-1-2}$$

$$n = \frac{m}{1 - m\tau} \tag{3-1-3}$$

由式(3-1-2)和式(3-1-3)可知，只要知道了计数装置的分辨时间 τ，就可以对死时间引起的漏记数进行校正．

4. 计数装置分辨时间的测量

常用的测量计数装置分辨时间的方法为双源法，该方法实际上是利用计数率大小不同时漏计数不同来推算分辨时间 τ 的．在完全相同的实验条件下，测量放射源 I、II 单独的计数率 m_1、m_2，以及 I、II 同时存在的计数率 m_{12}，本底计数率 m_b，由于计数装置存在分辨时间 τ，测得的计数率将小于真实入射的粒子数，因此源 I 的真实计数率为

$$n_1 = \frac{m_1}{1 - m_1\tau} - \frac{m_b}{1 - m_b\tau} \tag{3-1-4}$$

源 II 的真实计数率为

$$n_2 = \frac{m_2}{1 - m_2\tau} - \frac{m_b}{1 - m_b\tau} \tag{3-1-5}$$

源 I 和源 II 同时存在时的真实计数率为

$$n_{12} = \frac{m_{12}}{1 - m_{12}\tau} - \frac{m_b}{1 - m_b\tau} \tag{3-1-6}$$

由于实验条件相同，源 I 加源 II 在单位时间内入射计数管的粒子数应等于源 I、源 II 在单位时间内分别入射到计数管的粒子数之和，即

$$n_{12} = n_1 + n_2 \tag{3-1-7}$$

也即

$$\frac{m_1}{1 - m_1\tau} + \frac{m_2}{1 - m_2\tau} = \frac{m_{12}}{1 - m_{12}\tau} + \frac{m_b}{1 - m_b\tau} \tag{3-1-8}$$

得到

$$\tau = \frac{m_1 + m_2 - m_{12} - m_b}{m_{12}^2 - m_1^2 - m_2^2} \tag{3-1-9}$$

四、　实 验 装 置

G-M探测器实验装置及方框图见图 3-1-4.

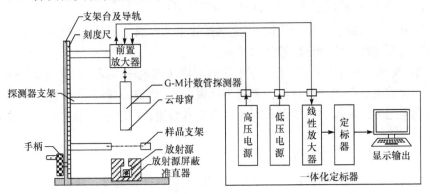

图 3-1-4　G-M探测器实验装置及方框图

(1) G-M计数管　　1支;

(2) 前置放大器　　1台;

(3) G-M实验平台　　1套;

(4) 一体化定标器　　1台;

(5) ^{137}Cs源　　2枚;

(6) ^{90}Sr-^{90}Y(β)源　　1枚.

五、　实验步骤及数据处理

▶ 1. 实验预习

(1) 学习 G-M计数管的工作原理,通过调研 G-M计数管的说明书等相关资料,了解实验所用 G-M计数管的基本特性,初步确定其工作条件.

(2) 根据实验步骤及数据处理要求,设计实验原始数据记录表.

▶ 2. 实验测量

(1) 按照实验框图连接各部分仪器,检查各仪器是否能正常工作,预热定标器半小时左右,对定标器进行计数系统自检.

(2) 确定定标器阈值电压.

将 ^{137}Cs放射源置于源槽,粗测 G-M计数管的坪曲线,确定 G-M计数管工作电压大致范围. 将 G-M 计数管工作电压调至合适值, 从 0V 每间隔 100～200mV 增加定标器阈值电压, 测得定标器计数率随阈值电压的变化, 选择合适的定标器阈值.

(3) 测量 G-M 计数管的坪曲线.

① 设置定标器阈值为步骤(2)中所确定的值.

② 将^{137}Cs 放射源置于源槽, 使定标器处于计数的工作状态, 缓慢调节高压, 使电压逐渐增高, 找到计数管的起始电压.

③ 找到起始电压后, 电压每升高 10V(坪区所加电压间距可放宽到 20～40V), 测量一次数据, 要求每次计数的相对标准误差小于 2%, 每个点重复测量三次, 当测到接近坪区末端时, 如果看到计数已明显增加, 即已经开始发生连续放电, 要立即把工作电压降下来.

④ 测量结束, 将高压调至最低.

⑤ 将^{137}Cs 放射源替换为^{90}Sr - ^{90}Y (β)源, 重复步骤②～④. 根据所测结果确定 G-M 计数管的工作高压.

(4) 测量 G-M 计数装置的分辨时间:

将 G-M 计数管高压和定标器阈值设置为步骤(2)～(3)中所确定的值, 用双源法测量计数装置的分辨时间, 要求每一测量数据的相对标准误差小于 1%. 测量过程中需要注意保持两个源的相对位置不变, 取放其中一个放射源的时候要尽量保证不改变另一个放射源的位置.

(5) 将高压归零, 关闭电源, 整理仪器, 保持桌面整洁.

3. 数据处理

(1) 绘制定标器计数率随阈值电压变化的曲线图, 分析计数率随阈值变化的规律及原因.

(2) 分别绘制 G-M 计数管的坪曲线, 给出 G-M 计数管的起始电压、坪长、坪斜等参数, 并通过坪曲线给出工作电压. 对比用^{137}Cs 源与用^{90}Sr - ^{90}Y (β)源测得的坪曲线的各参数.

(3) 利用式(3-1-9)算出 G-M 计数装置的分辨时间, 并根据误差传递公式算出分辨时间的标准误差.

六、 思 考 题

(1) 当 G-M 计数管所加电压处于放电区时, 为什么要立即降低加在计数管上的电压? 关闭定标器计数开关是否有效?

(2) 本实验中阈值起什么作用？阈值的高低对坪曲线测量有什么影响？

(3) 用双源法测量 G-M 计数装置的分辨时间时，要保证本底对测量结果相对标准误差的影响小于 1%，计算所用放射源的计数率至少要大于本底计数率的多少倍合适？

七、　实验安全操作及注意事项

▶ 1. 放射源安全注意事项

(1) 借用放射源必须向实验指导老师提出申请. 严禁私自使用其他实验项目使用的放射源，严禁私自将本实验使用的放射源借给其他人使用.

(2) 归还放射源时，实验小组必须将放射源亲自交还给实验指导老师，严禁转交，严禁未归还放射源就私自离开实验室.

(3) 放射源使用过程中，必须按要求做好使用记录及相应的防护，严禁将放射源随意放置在实验台桌上.

(4) 严禁将放射源的射线发射口对准他人.

(5) 取用放射源必须使用镊子等工具.

(6) 实验过程中，如发现放射源异常、疑似误操作致放射源破损等情况，应立即向实验指导老师汇报，不得拖延、隐瞒、私自处理.

▶ 2. 探测器使用注意事项

使用 G-M 计数管时，一定要轻拿轻放，切勿触碰 G-M 计数管前端的云母窗，以免损坏.

▶ 3. 其他注意事项

(1) 实验结束后，必须关闭电源，整理仪器，保持桌面整洁.

(2) 最后离开实验室的小组，必须检查、关闭门窗.

八、　附　　录

按管内所充气体的性质，G-M 计数管可分为两大类.

▶ 1. 非自熄计数器

G-M 计数管充纯单原子或双原子气体，如惰性气体或 H_2、N_2 等，这类计数器又称为外猝灭计数器，因为使用上不方便，已很少采用.

2. 自猝灭计数器

自猝灭计数器按照猝灭气体种类又可分为有机自猝灭计数器和卤素自猝灭计数器.

1) 有机自猝灭计数器

在单原子或双原子气体中添加少量有机气体，如 C_2H_5OH 等，一般占总含量的 10%～20%，计数管在放电后会自行猝灭.

2) 卤素自猝灭计数器

在 Ne 或 Ar 中加入很少量的卤素气体，如 0.1%～1% 的 Br_2 或 Cl_2，也能使计数管在放电后自行猝灭.

九、 参 考 文 献

北京大学, 复旦大学. 1984. 核物理实验[M]. 北京: 原子能出版社.

汲长松. 1990. 核辐射探测器及其实验技术手册[M]. 北京: 原子能出版社.

郑成法. 1983. 核辐射测量[M]. 北京: 原子能出版社.

实 验 3-2

γ放射源强度平方反比定律验证

实 验 目 的

(1) 理解什么是 γ 放射源强度平方反比定律.
(2) 学会运用最小二乘法拟合实验数据.
(3) 了解平方反比定律的适用条件.

二、 实 验 内 容

(1) 改变探测器与放射源之间的距离，在一定精度要求下，测量各相应位置计数率.
(2) 用线性最小二乘法处理实验数据，验证 γ 射线强度随距离的变化规律——平方反比定律.

三、 实 验 原 理

▶ **1. γ 射线强度随距离变化关系**

设有一点源(源到探测器的距离远大于源的最大线度，一般情况下 5~7 倍以上，放射源都可以近似视为点源)，在 4π 立体角内向各方向均匀地发射 γ 光子，若单位时间发射的γ光子数为 N_0，则以点源为球心、R 为半径的球面上，单位时间内有 N_0 个γ光子穿过(设空间无辐射吸收与散射等)，因此，在离源 R 处，单位时间、单位面积上通过的 γ 光子数为

$$I = \frac{N_0}{4\pi R^2} = \frac{C}{R^2} \tag{3-2-1}$$

式中，$C = N_0/(4\pi)$，对于确定的源强，C 是常数. 可见，$I \propto 1/R^2$，即与距离的平方成反比，因而式(3-2-1)称为 γ 射线强度随距离变化的平方反比定律.

在放射性测量中，若知道放射源活度和放射源与探测器之间距离，可得到探测器所在位置的粒子注量率与仪器计数率的关系；反之，知道粒子注量率和放射源与探测器之间距离，可计算出放射源活度.

在实际测量中，放射源与探测器均有一定厚度，探测器计数是射线打到探测器灵敏区内引起的计数，而探测器的灵敏区外表面上中心点和边缘点与放射源的距离是不一样的，即参考点的选取必然存在误差. 另外，从放射源发出的射线在进入探测器的灵敏区时，由于发射的角度不同，在探测器灵敏区所穿过的距离也不同，因而探测器对从不同角度入射的光子的探测效率也不同. 因此可以在探测器前端安装一准直器，来减小探测器的体积对验证 γ 射线强度平方反比定律的影响.

▶ 2. 实验数据处理

在相同实验条件下，某时刻计数率 n 总与该时刻 γ 射线强度 I 成正比，因此可用 n 代替 I. 为验证平方反比定律，式(3-2-1)改为

$$n = \frac{C'}{R^m} \tag{3-2-2}$$

若实验数据给出 $m = 2$，则平方反比定律得以验证. 对式(3-2-2)两端取自然对数

$$\ln n = \ln C' - m \ln R \tag{3-2-3}$$

令 $y = \ln n$，$x = \ln R$，则 y 与 x 呈线性关系

$$y = a + bx \tag{3-2-4}$$

其中，$a = \ln C'$，$b = -m$，式(3-2-4)代表一条直线，求出直线斜率 b，便知 m. 整个实验数据可用线性最小二乘法(见本实验"八、附录")或画图法处理.

四、 实 验 装 置

本实验平台装置如图 3-2-1 所示.

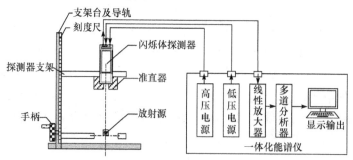

图 3-2-1 平方反比定律验证实验平台装置图

(1) NaI(Tl)闪烁体探测器　　1个;
(2) 一体化能谱仪　　1台;
(3) β／γ综合实验平台　　1套;
(4) ^{137}Cs源　　1枚;
(5) 探头准直器　　1个.

五、 实验步骤及数据处理

▶ 1. 实验预习

(1) 了解平方反比定律定义和适用条件. 通过调研仪器说明书等相关资料,熟悉各仪器的操作方法.

(2) 根据实验步骤及数据处理要求, 设计实验原始数据记录表.

▶ 2. 实验测量

(1) 按照实验装置图连接各部分仪器,检查各仪器是否能正常工作,开机预热一体化能谱仪半小时左右.

(2) 将^{137}Cs放射源置于样品支架,在能谱仪上设置高压、增益等参数,使仪器处于正常的工作状态. 确定 0.662MeV γ 射线全能峰左、右边界.

(3) 旋转手柄,调节探测器与放射源之间的距离,每一固定距离 R 测量一组 ^{137}Cs放射源 0.662MeV γ 射线全能峰峰面积(测量时间设置要保证距离最远时全能峰计数的相对标准误差小于 2%,重复测量三次,取平均值).

(4) 保持上述测量条件不变,移开放射源,测量环境本底计数.

(5) 将高压归零,关闭电源,整理仪器,保持桌面整洁.

▶ 3. 数据处理

利用最小二乘法或画图法计算系数 m,根据误差传递公式计算其标准误差. 判断 γ 射线强度对距离变化是否满足平方反比定律,并分析原因.

六、 思 考 题

(1) 若放射源上加准直器,探测器测得计数可否用于验证平方反比定律?

(2) 实际测量中,偏离平方反比定律的误差有哪些? 如何减小误差?

(3) α射线、β射线或中子的强度随距离变化是否遵守平方反比定律? 若能遵守，如何使用实验验证？

七、 实验安全操作及注意事项

1. 放射源安全注意事项

(1) 借用放射源必须向指导老师提出申请. 严禁私自使用其他实验项目使用的放射源，严禁私自将本实验使用的放射源借给其他人使用.

(2) 归还放射源时，实验小组必须将放射源亲自交还给实验指导老师，严禁转交，严禁未归还放射源就私自离开实验室.

(3) 放射源使用过程中，必须按要求做好使用记录及相应的防护，严禁将放射源随意放置在实验台桌上.

(4) 严禁将放射源的射线发射口对准他人.

(5) 取用放射源必须使用镊子等工具.

(6) 实验过程中，如发现放射源异常、疑似误操作致放射源破损等情况，应立即向实验指导老师汇报，不得拖延、隐瞒、私自处理.

2. 其他注意事项

(1) 实验结束后，必须关闭电源，整理仪器，保持桌面整洁.

(2) 最后离开实验室的小组，必须检查、关闭门窗.

八、 附 录

线性最小二乘法：

设 y 与 x 两个变量具有线性函数关系，即

$$y = a + bx \tag{3-2-5}$$

其中，a、b 是两个待定的参数. 现有 k 对实验观测值 (x_i, y_i)，$i = 1, 2, \cdots, k$，假定 x_i 的观测误差很小，可不考虑，观测值 y_i 是相对独立的，相应的方差为 σ_i^2，其权为 ω_i. 按最小二乘法准则有

$$R = \sum \omega_i v_i^2 = \sum_i \omega_i \left[y_i - (a + bx_i) \right]^2 \tag{3-2-6}$$

式中，$\omega_i = \sigma^2/\sigma_i^2$，$\sigma^2$ 为单位权方差，又称为标度因子，可任意选取，常取 $\sigma^2 = 1$.

若观测是等精度的，即各 y_i 有同一方差 $\sigma_i^2 = \sigma^2$. 取权 $\omega_i = \sigma^2/\sigma_i^2 = 1$ 代入式(3-2-6)有

$$R = \sum \upsilon_i^2 = \sum_i \left[y_i - \left(a + b x_i \right) \right]^2 \qquad (3\text{-}2\text{-}7)$$

其值为最小值. 根据数学中求极值条件, 需令

$$\frac{\partial R}{\partial a} = 2 \sum_i \left[y_i - \left(a + b x_i \right) \right] = 0 \qquad (3\text{-}2\text{-}8)$$

$$\frac{\partial R}{\partial b} = 2 \sum_i \left[y_i - \left(a + b x_i \right) \right] x_i = 0 \qquad (3\text{-}2\text{-}9)$$

得到

$$\hat{a} = \frac{\sum y_i \sum x_i^2 - \sum x_i \sum x_i y_i}{k \sum x_i^2 - \left(\sum x_i \right)^2} \qquad (3\text{-}2\text{-}10)$$

$$\hat{b} = \frac{k \sum x_i y_i - \sum x_i \sum y_i}{k \sum x_i^2 - \left(\sum x_i \right)^2} \qquad (3\text{-}2\text{-}11)$$

$$\sigma_a^2 = \frac{\sigma_y^2 \sum x_i^2}{k \sum x_i^2 - \left(\sum x_i \right)^2} \qquad (3\text{-}2\text{-}12)$$

$$\sigma_b^2 = \frac{k \sigma_y^2}{k \sum x_i^2 - \left(\sum x_i \right)^2} \qquad (3\text{-}2\text{-}13)$$

其中, $\sigma_y^2 = \sum \frac{1}{k-2} \left(y_i - a - b x_i \right)^2$.

注　等精度的观测指与各个观测相应的分布有相同的方差. 一般认为在相同条件下用同样的仪器、同样的方法所观测的数据是等精度的, 在不同条件下或用不等精度的仪器观测的结果是不等精度的.

九、 参 考 文 献

曹利国. 2010. 核辐射探测及核技术应用实验[M]. 北京: 原子能出版社.

复旦大学, 清华大学, 北京大学. 1981. 原子核物理实验方法[M]. 北京: 原子能出版社.

吴学超, 冯正永. 1988. 核物理实验数据处理[M]. 北京: 原子能出版社.

郑成法. 1983. 核辐射测量[M]. 北京: 原子能出版社.

实验 3-3

α射线能谱测量

一、 实 验 目 的

(1) 了解α射线的特点及其探测方法.

(2) 了解金硅面垒探测器工作原理，掌握金硅面垒探测器使用方法.

(3) 了解α-PIPS探测器工作原理，掌握α-PIPS探测器使用方法.

二、 实 验 内 容

(1) 确定金硅面垒探测器/α-PIPS探测器的工作条件.

(2) 分别使用金硅面垒探测器、α-PIPS探测器测量^{241}Am的α射线的能谱，比较两种探测器在能量分辨率、探测效率等性能上的差别.

(3) 测量不同气压下空气对α粒子的阻止本领.

(4) 了解可见光对金硅面垒探测器、α-PIPS探测器测量结果的影响.

三、 实 验 原 理

▶ **1. α放射性**

α粒子(又称α射线)是高速运动的氦原子核($^4_2$He). 原子核自发地放射出α粒子而发生的转变，叫α衰变. 衰变后的剩余核(子核)与衰变前的原子核(母核)相比，电荷数减少2，质量数减少4. 我们可以用式(3-3-1)表示

$$^A_Z X \longrightarrow ^{A-4}_{Z-2} Y + ^4_2 He \tag{3-3-1}$$

式中，X 表示母核，Y 表示子核. 如 ^{241}Am 的α衰变可写为

$$^{241}_{95}\text{Am} \longrightarrow \, ^{237}_{93}\text{Np} + \, ^{4}_{2}\text{He} \tag{3-3-2}$$

能发生α衰变的天然放射性核素都是一些重核. 其原因为：很重的原子核比结合能小，核子间结合得比较松，原子核的不稳定性就要通过α衰变等方式表现出来.

▶ 2. 金硅面垒半导体探测器

目前，常用于 α 射线能谱测量的探测器有金硅面垒探测器、α-PIPS 探测器等. 其工作原理以金硅面垒探测器为例(图 3-3-1)：用一片 n 型硅，蒸上一薄层金(100～200Å)，接近金层的那一层硅具有 p 型硅的特性，这种方式形成的 pn 结靠近表面层，结区即为探测器的灵敏区. α 粒子在灵敏区内损失能量转变为与其能量成正比的电脉冲信号，经放大器放大后，由多道分析器测出幅度的分布，从而给出带电粒子的能谱.

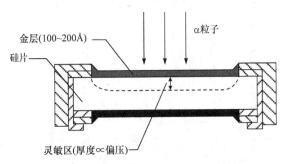

图 3-3-1　金硅面垒探测器工作原理示意图

探测器工作时加反向偏压，灵敏区厚度随偏压增大而增加：偏压太小，灵敏区厚度不够，α粒子有可能穿透灵敏区而未能将所有能量沉积在灵敏区内；偏压太大则有可能会导致 pn 结击穿而损坏探测器，所以必须选择合适的工作偏压.

四、　实 验 装 置

本实验装置如图 3-3-2 所示，测量室如图 3-3-3 所示.

(1) 金硅面垒探测器　　1 个；

(2) α-PIPS 探测器　　1 个；

(3) 半导体探测器(α)实验平台　　1 套；

(4) 电荷灵敏前置放大器　　1 台；

(5) 一体化能谱仪　　1 台；

(6) 示波器　　1台;

(7) 函数信号发生器　　　1台;

(8) ^{241}Am (α)源　　　1枚.

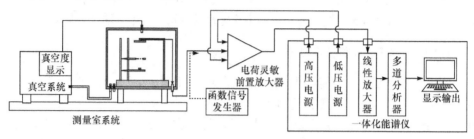

图 3-3-2　α粒子能量损失测量实验装置示意图

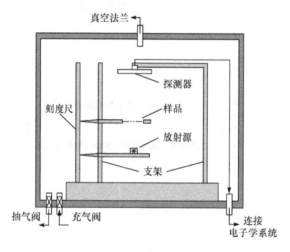

图 3-3-3　测量室示意图

五、 实验步骤及数据处理

▶ 1. 实验预习

(1) 学习 α 粒子与物质相互作用的原理.

(2) 学习金硅面垒探测器/α-PIPS 探测器的工作原理, 通过调研探测器的说明书等相关资料, 初步确定探测器的工作条件等.

(3) 根据实验步骤及数据处理要求, 设计实验原始数据记录表.

▶ 2. 实验测量

(1) 按照图 3-3-2 检查设备是否齐全完好, 开机预热 30min.

(2) 实验装置准备：

① 打开测量室，将金硅面垒探测器安装到探头支架上.

② 将 ^{241}Am (α)放射源放到测量室的放射源支架上，转动支架角度，保证射线出射方向与探测器在一条直线上.

③ 关闭测量室，并对测量室抽真空达到真空度量级：10^1(真空装置操作步骤见本实验"八、附录").

(3) 偏压的影响：

缓慢调节偏压至探测器允许的最高值，通过示波器观察输出信号幅度和脉冲宽度随高压的变化，同时通过一体化能谱仪观察能谱随偏压的变化，并确定探测器的正常工作偏压范围.

(4) 探测器工作条件确定：

① 根据步骤(3)的结果，将偏压设置为探测器能正常工作的最小值. 调节一体化能谱仪增益，观察 ^{241}Am 的 α 峰位随增益变化的改变，最终使得 ^{241}Am 的 α 全能峰峰位在全谱的 2/3 附近.

② 微调偏压，使得探测器达到最佳工作状态，即：α 全能峰分辨率到最好. 测量 ^{241}Am 的 α 能谱，要求全能峰峰位计数相对标准误差小于 2%，计算能量分辨率.

(5) 空气对 α 粒子的阻止本领：

通过充气阀对真空室缓慢充气，在能谱仪上观察，α 全能峰随着真空度的变化.

(6) 能量刻度：

将前置放大器输入信号由探测器切换为脉冲发生器，并根据探测器输出信号极性选择脉冲发生器信号极性. 调节脉冲发生器输出信号幅度，使其在一体化能谱仪上的输出信号与 ^{241}Am 全能峰中心道址相同；逐渐减小脉冲发生器输出信号幅度作若干个点，得到脉冲发生器输出信号幅度-道数校正曲线.

(7) 可见光对探测器的影响：

打开测量室，通过示波器观察前置放大器输出信号的变化，并通过一体化能谱仪观察能谱的变化，了解可见光对探测器的影响.

将高压缓慢调节到 0V，关闭仪器电源.

更换 α -PIPS 探测器，重复步骤(2)～(7).

▶ 3. 数据处理

根据实验数据，分析得出：

(1) 金硅面垒探测器/α-PIPS 探测器工作偏压加多少最为合适.

(2) 金硅面垒探测器/α-PIPS 探测器的能量分辨率.

(3) 空气对α粒子的阻止本领.

(4) 可见光对金硅面垒探测器/α-PIPS 探测器有何影响.

六、 思 考 题

(1) 金硅面垒探测器、α-PIPS 探测器的工作原理是什么?

(2) 探测器偏压大小应该如何选择? 其原理是什么?

七、 实验安全操作及注意事项

1. 放射源安全注意事项

(1) 借用放射源必须向实验指导老师提出申请. 严禁私自使用其他实验项目使用的放射源, 严禁私自将本实验使用的放射源借给其他人使用.

(2) 归还放射源时, 实验小组必须将放射源亲自交还给实验指导老师, 严禁转交, 严禁未归还放射源就私自离开实验室.

(3) 放射源使用过程中, 必须按要求做好使用记录及相应的防护, 严禁将放射源随意放置在实验台桌上.

(4) 严禁将放射源的射线发射口对准他人.

(5) 取用放射源必须使用镊子等工具.

(6) 本实验中所用 ^{241}Am (α)放射源为电镀源, 放射性核素表面仅用几微米厚的材料做密封, 较易破损、泄漏, 所以取用放射源时, 严禁将镊子等物品伸入射线出射孔内, 以免破坏密封层.

(7) 实验过程中, 如发现放射源异常、疑似误操作致放射源破损等情况, 应立即向实验指导老师汇报, 不得拖延、隐瞒、私自处理.

2. 偏置电压注意事项

(1) 设备通电前, 检查并确保偏压电源处于关闭、0V 状态.

(2) 仔细确认所加偏压的正负极性, 必须与探测器要求相匹配, 严禁将偏压极性加反.

(3) 缓慢调节偏压, 并保证不超过探测器的最高工作电压.

(4) 实验结束, 必须缓慢将偏压调降到 0V, 才能关闭电源.

3. 真空装置注意事项

严格按照"真空装置操作步骤"操作, 详见本实验"八、附录".

▶ 4. 其他注意事项

(1) 实验结束后，必须关闭电源，整理仪器，保持桌面整洁.
(2) 最后离开实验室的小组，必须检查、关闭门窗.

八、 附　录

半导体探测器(α)实验平台真空装置操作步骤如下.

(1) 抽真空步骤：关闭测量室—打开抽气阀—关闭放气阀—关闭真空泵阀门—通电—打开真空泵开关.

(2) 关闭真空泵步骤：关闭抽气阀—关闭真空泵—迅速打开真空泵阀门.

测量室充气：打开放气阀，每次充气完毕，及时关闭阀门.

提醒：实验完毕，应让测量室保持真空状态.

九、 参 考 文 献

北京大学, 复旦大学. 1984. 核物理实验[M]. 北京: 原子能出版社.
陈伯显, 张智. 2011. 核辐射物理及探测学[M]. 哈尔滨: 哈尔滨工程大学出版社.
复旦大学, 清华大学, 北京大学. 1981. 原子核物理实验方法[M]. 北京: 原子能出版社.
汤彬, 葛良全, 方方, 等. 2011. 核辐射测量原理[M]. 哈尔滨: 哈尔滨工程大学出版社.
郑成法. 1983. 核辐射测量[M]. 北京: 原子能出版社.

γ射线能谱测量

实 验 目 的

(1) 了解γ谱仪的工作原理，学会使用γ谱仪.

(2) 掌握γ测谱技术及分析简单γ射线能谱的方法.

(3) 掌握谱仪能量分辨率及能量线性的测量方法.

(4) 学会使用谱仪辨别未知放射源.

实 验 内 容

(1) 分别搭建 NaI(Tl)/HPGe γ谱仪系统，调整谱仪参数至正常工作状态.

(2) 分别使用 NaI(Tl)/HPGe γ谱仪测量 ^{137}Cs、^{60}Co 和 ^{152}Eu 放射源，对谱仪进行能量刻度，确定谱仪的能量分辨率并对所测γ能谱进行谱形分析.

(3) 测量并识别未知放射性核素.

实 验 原 理

γ射线的能谱测量是核物理实验研究中的一个重要内容，通过对γ能谱的测量与分析，即可得到γ射线的能量和强度等信息.

1. 单能γ射线的谱形分析

γ射线与物质的相互作用主要包括光电效应、康普顿效应和电子对效应，在能谱中形成全能峰、康普顿坪、单逃逸峰和双逃逸峰等. 除了以上三种效应外，在实际测量中γ射线能谱还伴随复杂的作用过程. 不同探测介质与不同的入射能量，能谱的表现也会不一样. 因此即使是单能 γ 射线入射，其能谱也可能颇为复杂. γ 射线能谱可由以下部分构成.

1) 全能峰

入射 γ 光子通过光电效应、康普顿效应、电子对效应等形式，将其能量全部沉积在探测器内形成全能峰.

2) 康普顿坪

入射 γ 光子与探测器材料发生康普顿效应，散射光子逃逸，留下的康普顿电子能量从 0 到 $E_\gamma / \left[1 + 1/\left(4E_\gamma \right) \right]$ 连续分布，康普顿电子将所有能量沉积在探测器内形成康普顿坪.

3) 单逃逸峰和双逃逸峰

能量大于 1.02MeV 的 γ 射线进入探测器时，可能在探测材料原子核库仑场作用下转化为一个正电子和一个负电子，即正负电子对效应. 正电子与电子碰撞发生湮没时常产生两个 0.511MeV 的光子，其中一个或者两个逃离探测材料，余下能量被吸收，对应形成单逃逸峰或双逃逸峰.

4) 反散射峰

入射 γ 光子与探测器周围的物质发生康普顿效应，产生的反散射光子进入探测器，通过光电效应被记录而形成反散射峰，如康普顿坪上 200keV 左右处经常看到一个小的凸起，即为反散射峰.

5) 特征 X 射线

许多放射性核素在 β 衰变中有轨道电子俘获，或在 γ 跃迁中产生内转换电子，其结果是有特征 X 射线放出，它们在能谱上形成特征 X 射线峰.

6) 其他

例如，湮没辐射峰、和峰效应、边缘效应以及自然本底对 γ 射线能谱的贡献.

▶ 2. γ 谱仪的主要性能指标

γ 谱仪的基本性能主要由能量分辨率、能量线性、探测效率及峰康比来衡量.

1) 能量分辨率

探测器输出脉冲幅度的形成过程中存在着统计涨落. 即使是确定能量粒子的

脉冲幅度, 也具有一定的分布. 通常把分布曲线极大值一半处的全宽度称半高宽, 用 FWHM 或 ΔE 表示. 半高宽反映了谱仪对相邻脉冲幅度或能量的分辨本领. 但是半高宽与能量有关, 所以可用相对分辨本领定义谱仪能量分辨率

$$\eta = \Delta E/E = \Delta V/V \tag{3-4-1}$$

其中, E 和 ΔE 分别为谱线对应的能量和半高宽, V 和 ΔV 分别为脉冲谱线的幅度值和半高宽(如图 3-4-1 所示). η 值越小, 谱仪的能量分辨本领越高. ^{137}Cs 源的 0.662MeV 全能峰最典型, 常用来检验和比较 γ 谱仪的能量分辨率.

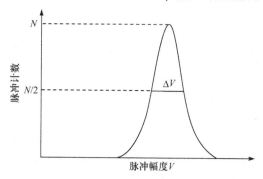

图 3-4-1 单能粒子的脉冲幅度分布示意图

影响闪烁谱仪能量分辨率的因素很多, 闪烁谱仪能量分辨率除主要与闪烁体和光电倍增管性能有关外, 还与它们之间光学耦合效果有关. 闪烁体探测器能量分辨率与能量之间有以下近似关系:

$$\eta \propto 1/\sqrt{E} \tag{3-4-2}$$

对于 HPGe 探测器, 电子-空穴对的涨落引起能量峰展宽

$$\Delta E = 2.36\sqrt{\omega E F} \tag{3-4-3}$$

因此

$$\eta = \Delta E / E \propto 1/\sqrt{E} \tag{3-4-4}$$

2) 能量线性

能量线性指谱仪对入射 γ 射线的能量和它产生的脉冲幅度(或多道分析器的道数)的对应关系. 对于 NaI(Tl)探测器一般在 100～1300 keV 的范围内是近似线性的; HPGe 探测器一般能量在 0.1MeV 到几 MeV 能量线性偏离可达 0.1%. 能量线性是利用谱仪进行能量分析与判断未知放射性核素的重要依据. 在实验上利用系列 γ 标准源, 在确定的实验条件下分别测量其 γ 谱, 根据 γ 射线能量和全能峰道址作图或最小二乘拟合建立能量和峰位关系, 即得能量刻度曲线. 通常能量刻度

曲线为一条不通过原点的直线，即

$$E(x_p) = E_0 + G x_p \tag{3-4-5}$$

式中，E_0 为直线的截距；G 为直线斜率：每道所对应的能量值(keV/道)；x_p 为全能峰的峰位(道数).

3) 探测效率

在一定的测量条件下，探测器探测到的辐射粒子计数与同一时间内放射源所放出的该种辐射粒子数的百分比，即为探测效率. 测量条件指放射源的几何形状、放射源与探测器的相对距离等，不同测量条件下探测器的探测效率会有很大差别.

4) 峰康比

当测量复杂 γ 射线能谱时，低能 γ 射线的全能峰会叠加在高能 γ 射线的康普顿坪上，造成能谱分析困难，因此希望全能峰高一点，康普顿坪尽量低一点，此处引入峰康比的概念. 峰康比是指全能峰峰位最大计数与康普顿坪的平均计数之比，它的意义在于说明了存在高能强峰时分辨低能弱峰的能力，此时峰康比越大越好.

▶ 3. γ 谱仪

γ 谱仪主要由探测器、线性放大器、多道分析器或单道分析器(定标器)等电子学设备组成，如 NaI(Tl) γ 谱仪(图 3-4-2)和 HPGe γ 谱仪(图 3-4-3).

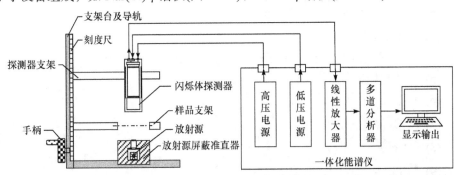

图 3-4-2 NaI(Tl) γ 谱仪实验装置图

NaI(Tl) γ 谱仪能量分辨率相对较低(对于 ^{137}Cs 源 0.662MeV γ 射线能量一般为 7%左右)，对于核素种类较多、谱线较复杂的样品进行解谱分析时无法胜任，必须对其 γ 能谱进行较为复杂的算法分析才能得到较准确的结果. 但其由于使用维护方便、探测效率高(为 HPGe 的几十倍)、仪器成本低等多方面优势，在放射监测中被广泛应用.

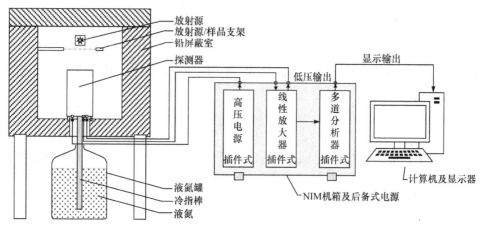

图 3-4-3　HPGeγ谱仪实验装置图

　　HPGeγ谱仪的能量分辨率高(对于 ^{60}Co 源的 1.332MeV 全能峰可以达到 2.0keV 左右),能量线性好. 在复杂核素组成的样品中也可以得到很好的分析结果. 但是由于 HPGe 探头需要在液氮冷却的环境下进行测量,且价格比较昂贵,使用、维护不便, 其使用的环境就会受到一定的限制.

四、　实 验 装 置

(1) NaI(Tl)闪烁体探测器　　1个；

(2) β/γ综合实验平台　　1套；

(3) HPGe 探测器　　1台；

(4) NIM 机箱及 HPGe 探测器配套电子学系统　　1套；

(5) 一体化能谱仪　　1台；

(6) 示波器　　1台；

(7) ^{137}Cs 源　　1枚；

(8) ^{60}Co 源　　1枚；

(9) ^{152}Eu 源　　1枚；

(10) 未知核素放射源　　1枚.

五、　实验步骤及数据处理

1. 实验预习

(1) 学习 NaI(Tl)/HPGe 探测器探测γ射线的工作原理. 查阅仪器说明书等相

关资料, 了解实验所用仪器的基本特性和使用方法.

(2) 根据实验步骤及数据处理要求, 设计实验原始数据记录表.

2. 实验测量

1) NaI(Tl) γ 谱仪

(1) 按照图 3-4-2 连接各部分仪器, 检查各仪器是否能正常工作, 一体化能谱仪开机预热半小时.

(2) 将^{137}Cs 源置于源槽中, 调整谱仪高压、增益等参数, 用示波器观测 NaI(Tl) 探头的输出波形, 注意信号极性. 记录不同高压下信号的脉冲幅度、宽度和上升时间.

(3) 调整合适的高压与增益等参数, 使谱仪处于正常的工作状态(包括: 能量分辨率高、能量线性好和测量射线的最大能量在分析范围内). 分别测量^{137}Cs 源、^{60}Co 源 γ 能谱. 要求^{137}Cs 0.662MeV γ 射线全能峰落在全谱总道数前 2/5 处左右, 峰位计数相对标准误差小于 2%, 并保存谱图数据.

(4) 根据^{137}Cs 源、^{60}Co 源能谱全能峰能量及对应峰位道址, 用最小二乘法进行能量刻度.

(5) 测量未知源能谱. 保持步骤(3)的测量条件不变, 将源换为未知源. 要求未知源发射率最高的 γ 射线能量峰位计数相对标准误差小于 2%, 并保存谱图数据.

(6) 将高压归零, 关闭电源, 整理仪器, 保持桌面整洁.

2) HPGe γ 谱仪

(1) 按照图 3-4-3 连接各部分仪器, 检查各仪器是否能正常工作, 高压插件预热半小时.

(2) 选择合适的工作高压与增益, 使谱仪处于正常的工作状态. 分别测量^{137}Cs 源、^{60}Co 源 γ 能谱. 要求^{137}Cs 0.662MeV γ 射线全能峰落在全谱总道数前 2/5 处左右, 峰位计数相对标准误差小于 2%, 并保存谱图数据.

(3) 保持步骤(2)测量条件不变, 将源换为^{152}Eu 源, 要求其 1.408MeV γ 射线全能峰计数相对标准误差小于 4%, 并保存谱图数据, 根据^{152}Eu 全能峰能量(见本实验 "八、附录") 及对应峰位道址, 用最小二乘法方法进行能量刻度.

(4) 测量未知源能谱. 保持测量条件不变, 将源换为未知源. 要求其发射率最高的 γ 射线能量峰位计数相对标准误差小于 2%, 并保存谱图数据.

(5) 将高压归零, 关闭电源, 整理仪器, 保持桌面整洁.

3. 数据处理

1) NaI(Tl) γ 谱仪

(1) 分析 NaI(Tl)探测器输出信号脉冲幅度、宽度和上升时间随高压增大的变化.

(2) 利用数据处理软件画图并分析^{137}Cs 源、^{60}Co 源能谱构成,根据^{137}Cs 源、^{60}Co 源全能峰能量和峰位道址,使用最小二乘法进行能量刻度. 计算谱仪对^{137}Cs 源的峰康比.

(3) 利用数据处理软件画图并分析未知源能谱构成. 根据能量刻度方程计算未知源峰位能量,通过查衰变纲图,辨别未知源.

(4) 计算谱仪对 0.662MeV、1.33MeV 及未知源 γ 射线全能峰的能量分辨率,作出 η-$1/\sqrt{E}$ 曲线,并讨论分析.

2) HPGe γ 谱仪

(1) 利用数据处理软件画图并分析^{137}Cs 源、^{60}Co 源能谱构成,计算谱仪能量分辨率和对^{137}Cs 源的峰康比,并与 NaI(Tl)测量结果进行比较.

(2) 利用数据处理软件画图并分析^{152}Eu 源能谱构成,根据^{152}Eu 源全能峰能量和峰位道址,使用最小二乘法进行能量刻度.

(3) 利用数据处理软件画图并分析未知源能谱构成,并与 NaI(Tl)测量结果进行比较. 根据能量刻度方程计算未知源峰位能量,通过查衰变纲图,辨别未知源.

(4) 根据谱仪对 0.662MeV、1.33MeV 及未知源 γ 射线全能峰的能量分辨率,作出 η-$1/\sqrt{E}$ 曲线,与 NaI(Tl) γ 谱仪测量结果对比分析.

六、 思 考 题

(1) 根据测量的^{137}Cs、^{60}Co 能谱,求出相应于 0.662MeV 和 1.33MeV γ 射线全能峰的半高宽,并讨论半高宽随 γ 射线能量的变化规律.

(2) 在示波器上观察到的脉冲波形图与测得的脉冲幅度谱有什么联系? 怎样由波形图判断探头工作情况的优劣?

七、 实验安全操作及注意事项

1. 放射源安全注意事项

(1) 借用放射源必须向实验指导老师提出申请. 严禁私自使用其他实验项目

使用的放射源，严禁私自将本实验使用的放射源借给其他人使用.

(2) 归还放射源时，实验小组必须将放射源亲自交还给实验指导老师，严禁转交，严禁未归还放射源就私自离开实验室.

(3) 放射源使用过程中，必须按要求做好使用记录及相应的防护，严禁将放射源随意放置在实验台桌上.

(4) 严禁将放射源的射线发射口对准他人.

(5) 取用放射源必须使用镊子等工具.

(6) 实验过程中，如发现放射源异常、疑似误操作致放射源破损等情况，应立即向实验指导老师汇报，不得拖延、隐瞒、私自处理.

2. 其他注意事项

(1) 实验结束后，必须关闭电源，整理仪器，保持桌面整洁.

(2) 最后离开实验室的小组，必须检查、关闭门窗.

八、 附 录

^{152}Eu 放射源主要 γ 射线能量及发射概率见表 3-4-1.

表 3-4-1　^{152}Eu 放射源主要 γ 射线能量及发射概率

能量/keV	121.7824	344.2811	778.903	964.055	1085.842	1112.087	1408.022
发射概率	0.2837	0.2657	0.1297	0.1463	0.1013	0.1354	0.2085

九、 参 考 文 献

北京大学, 复旦大学. 1984. 核物理实验[M]. 北京: 原子能出版社.

陈伯显, 张智. 2011. 核辐射物理及探测学[M]. 哈尔滨: 哈尔滨工程大学出版社.

格伦 F. 诺尔. 1988. 辐射探测与测量[M]. 李旭, 张瑞增, 徐海珊, 等, 译. 北京: 原子能出版社.

柳生众, 张关铭, 韩国光, 等. 1993. 核科学技术辞典[M]. 北京: 原子能出版社.

庞巨丰. 1990. γ能谱数据分析[M]. 西安: 陕西科学技术出版社.

郑成法. 1983. 核辐射测量[M]. 北京: 原子能出版社.

实验 3-5

β 射线能谱测量

一、实 验 目 的

(1) 了解 β 射线能谱的特点和测量方法.

(2) 了解薄窗 NaI(Tl)探测器测量 β 射线的工作原理,掌握薄窗 NaI(Tl)探测器使用方法.

(3) 了解高反压金硅面垒探测器的工作原理,掌握高反压金硅面垒探测器的使用方法.

二、实 验 内 容

(1) 使用薄窗 NaI(Tl)探测器测量并分析 ^{90}Sr-^{90}Y 源 β 射线能谱.

(2) 使用高反压金硅面垒探测器测量 ^{137}Cs 源、^{90}Sr-^{90}Y 源 β 射线能谱.

三、实 验 原 理

β 射线能谱测量及分析在核衰变与核结构研究以及同位素应用中均具有重要的意义. β 衰变产生的是连续谱,其最大能量为它的衰变能, β 粒子约在最大能量的 1/3 处出现的概率最大,在最大能量处出现的概率最小.

1. β 衰变

原子核自发地发射出 β 粒子或俘获一个轨道电子而发生的转变称为 β 衰变. β 粒子是电子和正电子的统称. 将中微子考虑在内, β 衰变的三种类型可

以表示为

$$\beta^- \text{衰变：} {}^A_Z X \longrightarrow {}^A_{Z+1} Y + e^- + \overline{\nu}$$

$$\beta^+ \text{衰变：} {}^A_Z X \longrightarrow {}^A_{Z-1} Y + e^+ + \nu$$

$$\text{轨道电子俘获：} {}^A_Z X + e^- \longrightarrow {}^A_{Z-1} Y + \nu$$

式中，X 表示母核，Y 表示子核. 衰变中释放的衰变能 Q 将被 β 粒子、反中微子 $\overline{\nu}$ 和反冲核三者分配；由于三个粒子之间的发射角度是任意的，所以每个粒子所携带的能量并不固定，β 粒子的动能可以在 0 至 Q 之间变化，形成一个连续谱. 图 3-5-1 为 ^{90}Sr-^{90}Y 源的衰变纲图. ^{90}Sr 的半衰期为 28.8 年，它发射的 β 粒子最大能量为 0.546MeV. ^{90}Sr 衰变后成为 ^{90}Y，^{90}Y 的半衰期为 64.1h，它发射的 β 粒子的最大能量为 2.27MeV. 因而 ^{90}Sr-^{90}Y 源在 0～2.27MeV 的范围内形成一连续的 β 射线能谱，如图 3-5-2 所示.

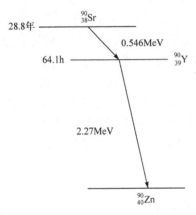

图 3-5-1　^{90}Sr-^{90}Y 源的衰变纲图　　图 3-5-2　^{90}Sr-^{90}Y 源 β 射线能谱图

2. 内转换电子

原子核从激发态跃迁到较低态或基态时，除发射 γ 光子外，还可以把核的激发能直接交给原子的壳层电子而发射出电子，这种现象称为内转换. 内转换过程中放出的电子称为内转换电子. 它与 β 衰变过程完全不同. 图 3-5-3 为磁谱仪测量的 ^{137}Cs 的 β 衰变和内转换电子能谱，除左边连续谱外，右边 K 峰、L 峰由 ^{137}Cs β$^-$ 衰变至 ^{133}Ba 的激发态，当后者跃迁到基态时，发射出内转换电子. 内转换电子的能谱是能量分离的谱线，不具有连续性，其能量等于激发能减去相应壳层的电子结合能，图 3-5-3 中右边分离的谱线代表内转换电子.

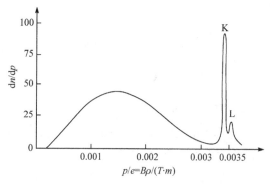

图 3-5-3　^{137}Cs 的 β 衰变和内转换电子能谱

3. β 射线的测量

常用于 β 放射性测量的探测器有正比计数管、闪烁体探测器和半导体探测器. 当 β 粒子进入这类探测器后，其能量被正比例转换成电脉冲，电脉冲再由线性放大器放大，最后使用多道分析器将脉冲的信息记录下来. 如果 β 粒子把它的全部能量消耗在探测器内，那么所得到的脉冲高度分布就能代表 β 粒子的能量分布. 电脉冲形成过程可以是射线引起气体分子或原子电离，然后离子和电子受到电场作用而发生增殖效应，随着电荷的收集而产生脉冲信号，这是正比计数管的探测机制. 另一种脉冲形成方式是射线引起荧光体发光，然后由光子在光电倍增管的光阴极产生光电子，随后光电子经打拿级多次倍增，从而输出脉冲信号，这是闪烁体探测器的情形. 至于半导体探测器，电脉冲的形成则是由于带电粒子射线进入半导体的灵敏体积内产生电子-空穴对.

四、 实 验 装 置

本实验装置如图 3-5-4 和图 3-5-5 所示.

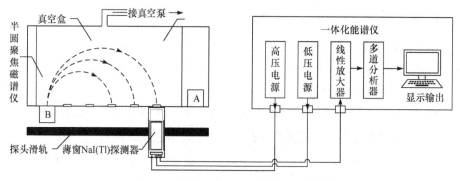

图 3-5-4　薄窗 NaI(Tl)探测器实验装置图

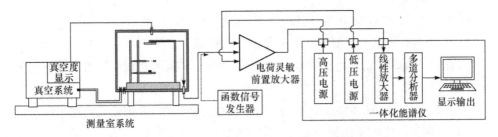

图 3-5-5　高反压金硅面垒测量系统实验装置图

(1) 薄窗 NaI(Tl)闪烁体探测器(200μmAl 窗)　　1个;
(2) 高反压金硅面垒探测器　　1个;
(3) 电荷灵敏前置放大器　　1台;
(4) 一体化能谱仪　　1台;
(5) 半圆聚焦磁谱仪　　1套;
(6) 半导体探测器实验平台　　1套;
(7) ^{137}Cs 源　　1枚;
(8) ^{60}Co 源　　1枚;
(9) ^{90}Sr-^{90}Y 源(β)　　1枚.

五、　实验步骤及数据处理

1. 实验预习

(1) 了解薄窗 NaI(Tl)探测器、高反压金硅面垒探测器测量 β 射线的原理. 查阅仪器说明书等相关资料,了解实验所用仪器的基本特性和使用方法.

(2) 根据实验步骤及数据处理要求,设计实验原始数据记录表.

2. 实验测量

1) 薄窗 NaI(Tl)探测器

(1) 按照实验装置图 3-5-4 连接各部分仪器,检查各仪器是否能正常工作,开机预热一体化能谱仪半小时.

(2) 对谱仪进行能量刻度. 将 ^{137}Cs 源放在装置 A 处,测量其 γ 射线能谱,记录 0.662MeV γ 射线全能峰峰位道址. 要求 0.662MeV γ 射线全能峰落在全谱总道数前 1/5 处左右,峰位计数相对标准误差小于 2%. 将源换位 ^{60}Co 源,测量其 γ 射线能谱, 记录 1.17MeV 和 1.33MeV γ 射线全能峰峰位道址.

(3) 取出放射源, 测量本底谱并保存谱图数据.

(4) 将 ^{90}Sr-^{90}Y 源放在装置 A 处, 测量 ^{90}Sr-^{90}Y 源的 β 射线能谱, 保存谱图数据.

(5) 将 ^{90}Sr-^{90}Y 源放在装置 B 处. 打开机械泵抽真空, 探测器放置在不同射线出射口, 测量单能电子能谱, 保存谱图数据.

(6) 将高压归零, 关闭电源, 整理仪器, 保持桌面整洁.

2) 高反压金硅面垒探测器

(1) 按照实验装置图 3-5-5 连接各部分仪器, 检查各仪器是否能正常工作, 开机预热一体化能谱仪半小时.

(2) 将 ^{137}Cs 源放入测量室支架上, 对测量室抽真空达到真空度量级: 10^1. 调节探测器偏压、增益等参数使谱仪处于正常的工作状态. 测量 ^{137}Cs 源的 β 射线能谱和内转换电子能谱. 要求能量为 0.625MeV 内转换电子峰位于全谱的 1/5 左右处. 保存谱图数据.

(3) 将放射源替换为 ^{90}Sr-^{90}Y 源, 重新抽真空, 测量 ^{90}Sr-^{90}Y 源的 β 射线能谱. 保存谱图数据.

(4) 将偏压归零, 关闭电源, 整理仪器, 保持桌面整洁.

▶ 3. 数据处理

1) 薄窗 NaI(Tl)探测器

(1) 对谱仪进行能量刻度.

(2) 利用 ^{90}Sr-^{90}Y 源谱图数据作图并分析其能谱构成, 并与 ^{90}Sr-^{90}Y 源理论谱进行对比分析.

(3) 利用 ^{90}Sr-^{90}Y 源经半圆聚焦磁谱仪后的单能电子能谱数据作图, 根据能量刻度公式, 计算各单能电子谱能量, 并分析其能谱构成.

2) 高反压金硅面垒探测器

(1) 利用 ^{137}Cs 源谱图数据画图. 计算 ^{137}Cs 源内转换电子峰 0.625MeV 的能量分辨率.

(2) 利用 ^{90}Sr-^{90}Y 源谱图数据画图并分析其能谱构成, 并与薄窗 NaI(Tl)探测器测量结果进行对比分析.

六、　思　考　题

(1) NaI(Tl)探测器通常用于测量 γ 射线，为什么可以用薄窗 NaI(Tl)探测器探测 β 射线？

(2) 使用薄窗 NaI(Tl)探测器探测 ^{137}Cs 源时，能否观察到 0.625MeV 的内转换电子峰？为什么？

(3) 使用高反压金硅面垒探测器测量 β 粒子，是否会受到 γ 射线的影响？如果会，影响是什么？请说明理由.

七、　实验安全操作及注意事项

▶ 1. 放射源安全注意事项

(1) 借用放射源必须向实验指导老师提出申请. 严禁私自使用其他实验项目使用的放射源，严禁私自将本实验使用的放射源借给其他人使用.

(2) 归还放射源时，实验小组必须将放射源亲自交还给实验指导老师，严禁转交，严禁未归还放射源就私自离开实验室.

(3) 放射源使用过程中，必须按要求做好使用记录及相应的防护，严禁将放射源随意放置在实验台桌上.

(4) 严禁将放射源的射线发射口对准他人.

(5) 取用放射源必须使用镊子等工具.

(6) 实验过程中，如发现放射源异常、疑似误操作致放射源破损等情况，应立即向实验指导老师汇报，不得拖延、隐瞒、私自处理..

▶ 2. 其他注意事项

(1) 实验结束后，必须关闭电源，整理仪器，保持桌面整洁.

(2) 最后离开实验室的小组，必须检查、关闭门窗.

八、　附　　录

▶ 1. 薄窗 NaI(Tl)探测器测量 β 射线能量修正

本实验中薄窗 NaI(Tl)探测器测量单一能量 β 粒子的动能是通过 γ 射线对探

测器的能量定标来确定的. 但由于 NaI(TI)闪烁晶体容易潮解，所以在其表面用了 200μm 的铝来密封，此外还有 20μm 的铝膜反射层. 根据 β、γ 射线与物质相互 作用的原理，这部分的铝对 γ 射线的能量并没有影响，只是使其强度稍为减弱； 但衰减了 β 射线的能量，因此必须对多道测得的 β 射线能量给予修正，如表 3-5-1 所示.

表 3-5-1 穿过铝前后 β 射线能量

入射前 E_1/MeV	入射后 E_2/MeV	入射前 E_1/MeV	入射后 E_2/MeV	入射前 E_1/MeV	入射后 E_2/MeV
0.317	0.200	0.887	0.800	1.489	1.400
0.360	0.250	0.937	0.850	1.536	1.450
0.404	0.300	0.988	0.900	1.583	1.500
0.451	0.350	1.039	0.950	1.638	1.550
0.497	0.400	1.090	1.000	1.685	1.600
0.545	0.450	1.137	1.050	1.740	1.650
0.595	0.500	1.184	1.100	1.787	1.700
0.640	0.550	1.239	1.150	1.834	1.750
0.690	0.600	1.286	1.200	1.889	1.800
0.740	0.650	1.333	1.250	1.936	1.850
0.790	0.700	1.388	1.300	1.991	1.900
0.840	0.750	1.435	1.350	2.038	1.950

2. 单能电子产生的原理

放射源射出的高速 β 粒子经准直后垂直射入均匀磁场中($\overline{V} \perp \overline{B}$)，粒子因受 到与运动方向垂直的洛伦兹力的作用而做圆周运动. 如果不考虑其在空气中的能 量损失(一般情况下为小量)，则粒子具有恒定的动量数值，而仅是方向不断变化. 粒子做圆周运动的方程为

$$\frac{dp}{dt} = ev \times B \tag{3-5-1}$$

式中，e 为电子电荷，v 为粒子速度，B 为磁场强度. 由 $p = mv$，对于确定动量 p，其运动速率为一常数，m 质量不变，所以有

$$\frac{dp}{dt} = m\frac{dv}{dt}, \quad \left|\frac{dv}{dt}\right| = \frac{v^2}{R} \tag{3-5-2}$$

$$p = eBR \tag{3-5-3}$$

式中，R 为粒子轨道的半径，为源与探测器距离的一半. 在磁场外距 β 源 X 处放

置薄窗 NaI(Tl)探测器来接收从该处出射的 β 粒子，则这些粒子的能量(即动能)即可由探测器直接测出，而粒子的动量值即为 $p = eBR = eBX/2$. 由于 ^{90}Sr-^{90}Y 源 (0~2.27MeV)射出的粒子具有连续的能量分布(0~2.27MeV)，因此探测器在不同位置就可测得一系列不同的能量与对应的动量值.

九、　参 考 文 献

北京大学, 复旦大学. 1984. 核物理实验[M]. 北京: 原子能出版社.

格伦 F. 诺尔. 1988. 辐射探测与测量[M]. 李旭, 张瑞增, 徐海珊, 等, 译. 北京: 原子能出版社.

卢希庭. 1981. 原子核物理[M]. 北京: 原子能出版社.

梅镇岳. 1964. β 和 γ 放射性[M]. 北京: 科学出版社.

郑成法. 1983. 核辐射测量[M]. 北京: 原子能出版社.

实验 3-6

X 射线能谱测量

一、 实 验 目 的

(1) 了解 X-PIPS 谱仪的工作原理和基本性能，掌握 X-PIPS 谱仪的使用方法.

(2) 掌握特征 X 射线产生的原理及特点.

(3) 了解 X 射线管工作原理及发射 X 射线的特点，掌握 X 射线管使用方法.

二、 实 验 内 容

(1) 确定 X-PIPS 谱仪工作条件，测量 ^{238}Pu 激发源的能谱.

(2) 测量 ^{238}Pu 激发不同样品的特征 X 射线能谱，对谱仪进行能量刻度.

(3) 测量不同能量射线激发样品的特征 X 射线能谱.

(4) 测量 X 射线管发射 X 射线的能谱.

三、 实 验 原 理

1. 探测器原理

X 射线的探测通常可以使用的探测器有：Si(Li)半导体探测器、薄窗 NaI(Tl) 闪烁体探测器、正比计数器、硅 PIP 探测器(钝化离子注入平面工艺探测器).

本实验中使用的探测器是：X-PIPS 探测器，即硅 PIP 探测器. X-PIPS 是 p-i-n 结构，如图 3-6-1 所示，注入锂原子的表面区为 n$^+$层，i 区为锂离子漂移补偿得到的本征区，锂离子未漂移到的区域为 p 型区. i 区作为探测器记录粒子的灵敏区，其中的净电荷密度几乎为零. 当探测器加上反向偏压时，i 区处于全耗尽状态，它的电阻率非常高, 外加偏压几乎全部降落在 i 区上, 因而建立起很强的收集电场, 漏电流却很小.

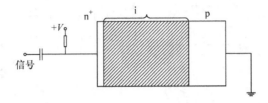

图 3-6-1 p-i-n 结构示意图

因为硅的原子序数 $Z=14$, 对于中高能 γ 射线的光电峰效率较低, 而对于低能量的 γ 射线和 X 射线产生光电吸收的概率较高, 因此 X-PIPS 探测器(图 3-6-2) 主要用于测量低能量的 γ 射线和 X 射线的能谱, 并具有良好的能量分辨率和线性, 以及高的探测效率等优点, 对于 ^{55}Fe 的特征 X 射线(5.89keV)的能量分辨率可达到 200eV 以内.

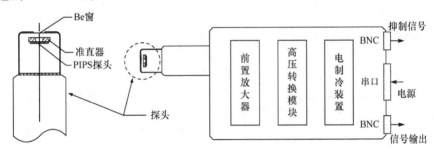

图 3-6-2 X-PIPS 探测器结构图

相比于扩散结工艺、表面势垒工艺等其他工艺, 离子注入工艺制备的探测器受环境因素影响较小, 在真空中特性稳定. 同时经平面工艺处理, 即利用硅氧化物进行表面钝化保护后, 可使探测器在较为恶劣的环境下适用, 且在室温下仍有较高的能量分辨能力.(注: 本实验中使用的 X-PIPS 探测器集成了电制冷装置, 开机时会自动制冷, 并非在室温下使用; 但 α-PIPS 通常都是在室温下使用.)

2. X 射线主要产生方式

(1) 轫致辐射 X 射线: 当电子在靶核附近通过, 被靶核的库仑场减速时, 电子的部分能量转化成相等能量的 X 射线发射出来, 即轫致辐射 X 射线. X 射线管就是应用这种原理产生 X 射线, 如图 3-6-3(a)所示, 灯丝通电加热发射出电子, 电子经聚焦杯聚焦, 并通过加在阳极和阴极之间的高压加速后, 轰击阳极靶核, 产生 X 射线.

(2) 特征 X 射线: 原子的内层低能级电子因激发或电离, 形成空位, 外层高能级电子向内层跃迁填补失去的电子，同时发射特征 X 射线，如图 3-6-3(b)所示.

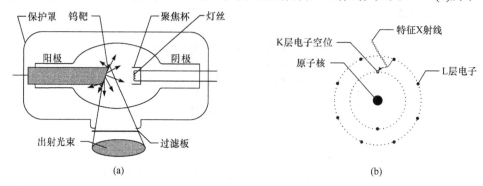

图 3-6-3　X 射线主要产生方式示意图

(a) X 射线管示意图；(b) 特征 X 射线示意图

四、 实 验 装 置

X-PIPS 实验系统如图 3-6-4 所示.

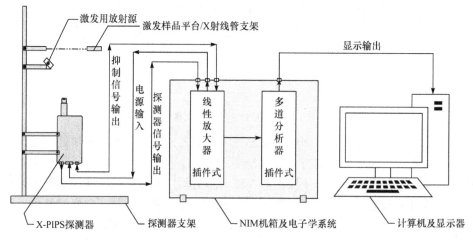

图 3-6-4　X-PIPS 实验系统示意图

(1) X-PIPS 探测器　　1 台；

(2) NIM 机箱及电子学系统　　1 套；

(3) X 射线管　　1 套；

(4) ^{238}Pu 源　　1 枚；

(5) ^{241}Am 源　　1 枚；

(6) 铁、铜、铅、锌样品　　各 1 片.

五、实验步骤及数据处理

▶ 1. 实验预习

(1) 学习特征 X 射线、X 射线管发射 X 射线(韧致辐射)的原理及特点.

(2) 学习 X-PIPS 探测器的工作原理，通过调研探测器的说明书等相关资料，初步确定探测器的工作条件等.

(3) 根据实验步骤及数据处理要求，设计实验原始数据记录表.

▶ 2. 实验测量

(1) 按照图 3-6-4 检查设备是否齐全完好，连接好仪器，开机预热 30min.

(2) 将 ^{238}Pu 源放到放射源支架上，调节放大器倍数，测量 ^{238}Pu 能谱.

(3) 探测器工作条件确定.

将铁样品放到样品支架上，调节样品支架、放射源支架与探头之间的距离，并转动放射源支架到合适角度，使得特征 X 射线全能峰计数率达到最大，调节放大器倍数、微积分成形时间，测量 Fe 特征 X 射线能谱，使 Fe 特征 X 射线全能峰的能量分辨率达到最佳，记录全能峰中心道址、能量分辨率、计数率，并通过示波器测量输出脉冲信号幅度和宽度，要求全能峰峰位计数相对标准误差小于 2%.

(4) 能量刻度.

① 将铁样品依次换成铜、铅、锌样品，并保持所有测量条件不变，分别测量其特征 X 射线能谱，记录全能峰中心道址、能量分辨率、计数率，并通过示波器测量输出脉冲信号幅度和宽度，要求全能峰峰位计数相对标准误差小于 2%.

② 根据铁、铜、铅、锌特征 X 射线能量，以及对应全能峰中心道道址，进行能量刻度.

(5) 激发源能量对荧光产额的影响.

① 将激发源由 ^{238}Pu 换成 ^{241}Am ，保持所有测量条件不变，重复步骤(3).

② 将激发源由 ^{241}Am 换成 ^{137}Cs ，保持所有测量条件不变，重复步骤(3).

③ 仔细对比所测数据，假设对每种样品分别用相同活度的 ^{238}Pu 、 ^{241}Am 、 ^{137}Cs 激发，各特征 X 射线全能峰计数率、能量分辨率是否变化？全能峰中心道址是否移动？

(6) 测量 X 射线管发射 X 射线能谱.

① 取下放射源和激发样品，将 X 射线管安装到支架上，并对准探测器，预热 X 射线管 30min.

② 将 X 射线管的高压加到 5kV，测量 X 射线能谱.

③ 改变 X 射线管电流，测量能谱并观察其变化.

④ 保持电流不变，调节 X 射线管的高压，由 0kV 到 30kV 每隔 5kV 测一组能谱，讨论 X 射线管的高压、电流对 X 射线能谱的影响.

3. 数据处理

根据实验数据，分析得出：

(1) X-PIPS 探测器的最佳工作条件.

(2) X-PIPS 探测器的能量刻度.

(3) X-PIPS 探测器的能量分辨率.

(4) 影响 X 激发荧光产额的因素.

(5) X 射线管发射 X 射线的原理及特点.

(6) 特征 X 射线、X 射线管发射 X 射线的区别.

六、 思 考 题

(1) 金属铍的机械强度差，化学性能也不够稳定，试说明 X-PIPS 探头射线入射窗为什么不采用其他材料.

(2) 一种元素的特征 X 射线能量与该元素的物理、化学状态是否有关？

(3) X 射线管发射的 X 射线能谱，与样品的特征 X 射线能谱有什么区别？为什么？

(4) 用不同能量的射线激发样品时，测量结果有什么不同？为什么？应当如何来选择激发源？

七、 实验安全操作及注意事项

1. 放射源安全注意事项

(1) 借用放射源必须向实验指导老师提出申请. 严禁私自使用其他实验项目使用的放射源，严禁私自将本实验使用的放射源借给其他人使用.

(2) 归还放射源时，实验小组必须将放射源亲自交还给实验指导老师，严禁转交，严禁未归还放射源就私自离开实验室.

(3) 放射源使用过程中，必须按要求做好使用记录及相应的防护，严禁将放射源随意放置在实验台桌上.

(4) 严禁将放射源的射线发射口对准他人.

(5) 取用放射源必须使用镊子等工具.

(6) 实验过程中，如发现放射源异常、疑似误操作致放射源破损等情况，应立即向实验指导老师汇报，不得拖延、隐瞒、私自处理.

◢ 2. 探测器注意事项

X-PIPS 探头入射窗为铍窗，极易破损，为保护探测器，放、取放射源及样品时，轻拿轻放，切勿触碰铍窗，使用完后必须给探头盖上保护盖.

◢ 3. X 射线管注意事项

(1) 非实验过程需要，不得开启 X 射线管.

(2) 开启 X 射线管后，应做好防护措施，严禁对准他人.

(3) 严禁将 X 射线管的高压、电流加到超过设备允许的最大限制值.

(4) 关闭 X 射线管时，必须先将高压调到 0V，才能断电.

◢ 4. 其他注意事项

(1) 实验结束后，必须关闭电源，整理仪器，保持桌面整洁.

(2) 最后离开实验室的小组，必须检查、关闭门窗.

特征 X 射线能量及吸收限见表 3-6-1.

表 3-6-1　特征 X 射线能量及吸收限　　　　　　　　　　（单位：keV）

元素	K 吸收边	$K_{\alpha1}$	$K_{\alpha2}$	$K_{\beta1}$	$K_{\beta2}$	$L_{\alpha1}$	$L_{\alpha2}$	$L_{\beta1}$	$L_{\beta2}$	$L_{\gamma2}$
^{3}Li		0.052								
^{4}Be	0.115	0.110								
^{5}B	0.138	0.185								
^{6}C	0.282	0.282								
^{7}N	0.397	0.392								
^{8}O	0.533	0.523								
^{9}F	0.692	0.677								
^{10}Ne	0.874	0.851								
^{11}Na	1.080	1.041	1.067							
^{12}Mg	1.309	1.254	1.297							

元素	K 吸收边	$K_{\alpha1}$	$K_{\alpha2}$	$K_{\beta1}$	$K_{\beta2}$	$L_{\alpha1}$	$L_{\alpha2}$	$L_{\beta1}$	$L_{\beta2}$	$L_{\gamma2}$
^{13}Al	1.562	1.487	1.486	1.553						
^{14}Si	1.840	1.740	1.739	1.832						
^{15}P	2.143	2.015	2.014	2.136						
^{16}S	2.471	2.308	2.300	2.464						
^{17}Cl	2.824	2.662	2.621	2.815						
^{18}Ar	3.203	2.957	2.955	3.192						
^{19}K	3.607	3.313	3.310	3.589						
^{20}Ca	4.034	3.691	3.688	4.012		0.341		0.344		
^{21}Sc	4.486	4.090	4.085	4.460		0.395		0.399		
^{22}Ti	4.965	4.510	4.504	4.931		0.452		0.458		
^{23}V	5.463	4.952	4.944	5.427		0.510		0.519		
^{24}Cr	5.987	5.414	5.405	5.946		0.571		0.581		
^{25}Mn	6.537	5.898	5.887	6.490		0.636		0.647		
^{26}Fe	7.112	6.403	6.390	7.057		0.704		0.717		
^{27}Co	7.712	6.930	6.915	7.649		0.775		0.790		
^{28}Ni	8.339	7.477	7.460	8.264	8.328	0.849		0.866		
^{29}Cu	8.993	8.047	8.027	8.904	8.976	0.928		0.948		
^{30}Zn	9.673	8.638	8.615	9.571	9.657	1.009		1.032		
^{31}Ga	10.386	9.251	9.234	10.263	10.365	1.096		1.122		
^{31}Ge	11.115	9.885	9.854	10.981	11.100	1.186		1.216		
^{33}As	11.877	10.543	10.507	11.725	11.863	1.282		1.317		
^{34}Se	12.666	11.221	11.181	12.495	12.495	1.379		1.419		
^{35}Br	13.483	11.923	11.877	13.290	13.465	1.480		1.526		
^{36}Kr	14.330	12.648	12.597	14.112	14.313	1.578		1.638		
^{37}Rb	15.202	13.394	13.335	14.960	15.184	1.694	1.692	1.752		
^{38}Sr	16.106	14.164	14.197	15.834	16.083	1.806	1.805	1.872		
^{39}Y	17.037	14.957	14.882	16.736	17.011	1.922	1.920	1.996		
^{40}Zr	17.997	15.774	15.690	17.666	17.969	2.042	2.040	2.124	2.219	2.302
^{41}Nb	18.985	16.614	16.520	18.621	18.951	2.166	2.163	2.257	2.367	2.462
^{42}Mo	20.002	17.478	17.373	19.607	19.964	2.293	2.290	2.395	2.518	2.623
^{43}Tc	21.048	18.410	18.328	20.585	21.012	2.424	2.420	2.538	2.674	2.792
^{44}Ru	22.123	19.278	19.149	21.655	22.072	2.558	2.554	2.683	2.836	2.694
^{45}Rh	23.229	20.214	20.072	22.721	23.169	2.696	2.692	2.834	3.001	3.144
^{46}Pd	24.365	21.175	21.018	23.816	24.297	2.838	2.833	2.990	3.173	3.328

续表

元素	K 吸收边	$K_{\alpha1}$	$K_{\alpha2}$	$K_{\beta1}$	$K_{\beta2}$	$L_{\alpha1}$	$L_{\alpha2}$	$L_{\beta1}$	$L_{\beta2}$	$L_{\gamma2}$
^{47}Ag	25.531	22.162	21.988	24.942	25.454	2.984	2.978	3.151	3.348	3.519
^{48}Cd	26.727	23.172	22.982	26.093	26.641	3.133	3.127	3.316	3.529	3.716
^{49}In	27.953	24.207	24.000	27.274	27.859	3.287	3.279	3.487	3.713	3.920
^{50}Sn	29.211	25.270	25.042	29.483	29.106	3.444	3.435	3.662	3.904	4.131
^{51}Sb	30.499	26.357	26.109	29.723	30.387	3.605	3.595	3.843	4.100	4.347
^{52}Te	31.817	27.471	27.200	30.993	31.698	3.769	3.758	4.029	4.301	4.570
^{53}I	33.168	28.610	28.315	32.292	33.016	3.937	3.926	4.220	4.507	4.800
^{54}Xe	34.551	29.802	29.485	33.644	34.446	4.111	4.098	4.422	4.720	5.036
^{55}Cs	35.966	30.970	30.623	34.984	35.819	4.286	4.272	4.620	4.936	5.280
^{56}Ba	37.414	32.191	31.815	36.376	37.255	4.467	4.451	4.828	5.156	5.531
^{57}La	38.894	33.440	33.033	27.799	38.728	4.651	4.635	5.043	5.384	5.789
^{58}Ce	40.410	34.717	34.276	39.255	40.231	4.840	4.823	5.262	5.613	6.052
^{59}Pr	41.958	36.023	35.548	40.746	41.772	5.034	50.14	5.489	5.850	6.322
^{60}Nd	43.538	37.359	36.845	42.269	43.298	5.230	5.208	5.722	6.090	6.602
^{61}Pm	45.152	38.649	38.160	43.945	44.955	5.431	5.408	5.956	6.336	6.891
^{62}Sm	46.801	40.124	39.523	45.400	46.553	5.636	5.609	6.206	6.587	7.180
^{63}Eu	48.486	41.529	40.877	47.027	48.241	5.846	5.816	6.456	6.842	7.478
^{64}Gd	50.207	42.983	42.280	48.718	49.961	6.059	6.027	6.714	7.102	7.788
^{65}Tb	51.965	44.470	43.737	50.737	50.391	6.275	6.241	6.979	7.368	8.104
^{66}Dy	53.761	45.985	45.193	52.178	53.491	6.495	6.457	7.249	7.638	8.418
^{67}Ho	55.593	47.528	46.686	53.934	55.292	6.720	6.680	7.528	7.912	8.748
^{68}Er	57.484	49.099	48.205	55.690	57.088	6.946	6.904	7.810	8.188	9.089
^{69}Tm	59.374	50.730	49.762	57.576	58.969	7.181	7.135	8.103	8.472	9.472
^{70}Yb	61.322	52.360	51.326	59.352	60.959	7.414	7.367	8.401	8.758	9.779
^{71}Lu	63.311	54.063	52.959	61.282	62.946	7.654	7.604	8.708	9.048	10.142
^{72}Hf	65.345	55.757	54.579	63.209	64.936	7.898	7.843	9.021	9.346	10.514
^{73}Ta	67.405	57.524	56.270	65.210	66.999	8.145	8.087	9.341	9.649	10.892
^{74}W	69.517	59.310	57.973	67.233	69.090	8.396	8.333	9.670	9.959	11.283
^{75}Re	71.670	61.131	59.707	69.298	71.220	8.651	8.584	10.008	10.273	11.684
^{76}Os	73.869	62.991	61.477	71.404	73.393	8.910	8.840	10.354	10.596	12.094
^{77}Ir	76.111	64.886	63.278	73.549	75.605	9.137	9.098	10.706	10.918	12.509
^{78}Pt	78.400	66.820	65.111	75.736	77.866	9.441	9.360	11.069	11.249	12.939
^{79}Au	80.729	68.794	66.980	77.968	80.165	9.711	9.625	11.439	11.582	13.379
^{80}Hg	83.109	70.821	68.894	80.258	82.526	9.987	9.896	11.823	11.923	13.828

续表

元素	K 吸收边	$K_{\alpha1}$	$K_{\alpha2}$	$K_{\beta1}$	$K_{\beta2}$	$L_{\alpha1}$	$L_{\alpha2}$	$L_{\beta1}$	$L_{\beta2}$	$L_{\gamma2}$
^{81}Tl	85.532	72.860	70.820	82.558	84.904	10.266	10.170	12.210	12.268	14.288
^{82}Pb	88.008	74.957	72.794	84.922	87.343	10.549	10.448	12.611	12.620	14.762
^{83}Bi	90.540	77.097	74.805	87.335	89.833	10.836	10.729	13.021	12.977	15.244
^{84}Po	93.113	79.296	76.868	89.809	92.386	11.128	11.014	13.441	13.338	15.740
^{85}At	95.730	81.525	78.956	92.319	94.976	11.424	11.304	13.873	13.705	16.248
^{86}Rn	98.407	83.800	81.080	94.877	97.616	11.724	11.597	14.316	14.077	16.768
^{87}Fr	101.131	86.119	83.246	97.483	100.305	12.029	11.894	14.770	14.459	17.301
^{88}Ra	103.909	88.485	85.446	100.136	103.048	12.338	12.194	15.233	14.839	17.845
^{89}Ac	106.738	90.894	87.681	102.846	105.838	12.650	12.499	15.712	15.227	18.405
^{90}Th	109.641	93.334	89.942	105.592	108.671	12.966	12.808	16.200	15.620	18.977
^{91}Pa	112.599	95.851	92.271	108.408	111.575	13.291	13.120	16.700	16.022	19.559
^{92}U	115.597	98.428	94.648	111.289	114.549	13.613	13.438	17.217	16.425	20.163

九、 参 考 文 献

北京大学, 复旦大学. 1984. 核物理实验[M]. 北京: 原子能出版社.

陈伯显, 张智. 2011. 核辐射物理及探测学[M]. 哈尔滨: 哈尔滨工程大学出版社.

丁洪林. 2009. 核辐射探测器[M]. 哈尔滨: 哈尔滨工程大学出版社.

复旦大学, 清华大学, 北京大学. 1981. 原子核物理实验方法[M]. 北京: 原子能出版社.

李德平, 潘自强. 1987. 辐射防护手册(第一分册)辐射源与屏蔽[M]. 北京: 原子能出版社.

汤彬, 葛良全, 方方, 等. 2011. 核辐射测量原理[M]. 哈尔滨: 哈尔滨工程大学出版社.

张家骅, 徐君权, 朱节清. 1981. 放射性同位素 X 射线荧光分析[M]. 北京: 原子能出版社.

郑成法. 1983. 核辐射测量[M]. 北京: 原子能出版社.

实 验 3-7

中子探测器脉冲幅度谱测量

一、 实 验 目 的

(1) 了解 BF_3 正比计数管的工作原理及工作条件的确定.
(2) 学会使用 BF_3 正比计数管探测中子.
(3) 了解中子与物质相互作用的原理.

二、 实 验 内 容

(1) 确定 BF_3 正比计数管的工作条件.
(2) 在所确定的工作条件下,测量 BF_3 正比计数管探测中子的脉冲幅度谱.
(3) 在所确定的工作条件下,相同的时间内测量中子经过不同材料(铅片、聚乙烯片等)后的脉冲幅度谱,并对谱进行分析比较.

三、 实 验 原 理

探测中子的本质是探测中子与原子核的相互作用中产生的次级带电粒子. 中子探测器有气体探测器(如 BF_3 正比计数管、^3He 正比计数管等)、闪烁体探测器(如 LiI(Eu)闪烁体、载 ^{10}B(或 ^6Li)液体闪烁体探测器等)、半导体探测器(如 ^6LiF 半导体探测器等)、热释光探测器、径迹探测器(如载 ^{10}B 核乳胶等)和自给能探测器(如 Rh 探测器等).

BF_3 正比计数管是常用的探测慢中子的气体探测器,其内部充有 BF_3 气体,它是用核反应法探测中子. 热中子通过 $^{10}B(n,\alpha)^7Li$ 反应在计数管内产生离子对,再经气体放大输出电信号，这种计数管测量热、慢中子的效率相当高，在计数管外面套上一层石蜡或塑料慢化剂也可用于探测快中子.

天然硼元素包括 ^{10}B 和 ^{11}B 两种同位素，其丰度分别为 19.78% 和 80.22%. 用 BF_3 气体测慢中子所依据的核反应方程式如下：

$$_0^1n + _5^{10}B \Longrightarrow \begin{cases} _3^7Li + \alpha + 2.792\text{MeV} & 6.1\% \\ _3^7Li^* + \alpha + 2.310\text{MeV} & 93.9\% \end{cases} \quad \sigma_0 = 3837 \pm 9(\text{靶,b})$$

$$_3^7Li^* \Longrightarrow _3^7Li + \gamma + 0.478\text{MeV}$$

其中，σ_0 是热中子反应截面；$_3^7Li^*$ 是 $_3^7Li$ 的激发态，其平均寿命为 $7.3 \times 10^{-14}\text{s}$.

$^{10}B(n,\alpha)^7Li$ 反应对热中子的反应截面比较大，在慢中子区，反应截面和能量符合"速度反比律"(如图 3-7-1 所示). 在探测中子通量密度时，大大地简化了计算公式.

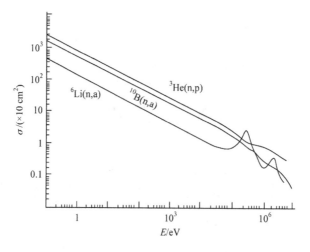

图 3-7-1　^{10}B、^6Li、^3He 的核反应中子截面

▶ 1. BF_3 正比计数管探测中子的脉冲幅度谱

BF_3 正比计数管探测中子时测得的脉冲幅度谱代表的是 α 粒子和 ^7Li 核的能谱，而不是中子能谱. 如果计数管尺寸足够大，入射中子核反应产生的 α 粒子和 ^7Li 核射程都在计数管内，输出对应的反应能 Q 值，形成两个单一的峰，能量分别为 2.31MeV 和 2.79MeV，其峰面积比为 93.9:6.1，如图 3-7-2(a)所示. 但如果计数管尺寸较小，中子核反应发生在紧靠管壁处，则 α 粒子和 ^7Li 核只有一个可被记录，另一个能量将损耗在管壁上，此时输出脉冲将呈现两个台阶形状，如

图 3-7-2(b)所示，这种效应称为"壁效应"，几乎所有计数管都有壁效应. 增加计数管尺寸、增加管内压力或添加其他气体可减少壁效应，但不能全部消除.

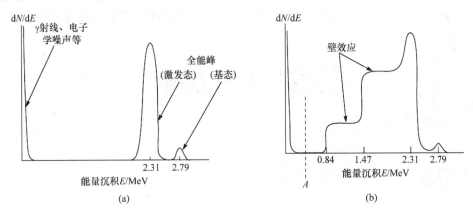

图 3-7-2　BF$_3$ 正比计数管脉冲幅度谱示意图

(a) 理想脉冲幅度谱；(b) 由壁效应导致的连续"台阶"

对于上述核反应过程，还放出 0.478MeV 的 γ 射线，由于 γ 射线比 α 射线的电离比值小得多，这部分能量几乎没有消耗在计数管内. 此外，测量中子时往往伴随有 γ 射线，γ 射线在计数管壁上打出的电子也能引起电离，而电子射程要大得多，在计数管灵敏体积内损耗能量产生的脉冲信号也比较小，如图 3-7-2(a)低能端所示. 选取一定的甄别阈既可以去除这些 γ 本底，又能使中子产生的脉冲全部记录，如图 3-7-2(b)所示阈值设置在计数率最小的位置 A 处.

▶ 2. BF$_3$ 正比计数管主要性能指标

1) 坪特性

选取一定的甄别阈后，改变 BF$_3$ 正比计数管所加高压，可得到 BF$_3$ 正比计数管坪特性曲线，即计数随高压的变化曲线. BF$_3$ 正比计数管坪曲线的形状和测量方法与 G-M 计数管相类似，只是 BF$_3$ 计数管的坪曲线随甄别阈的选取有较大变化. BF$_3$ 正比计数管的坪长、坪斜计算可参照"实验 3-1 G-M 计数管坪曲线的测量". 通常 BF$_3$ 正比计数管的工作电压选在坪区的中点.

高压固定后，改变单道阈值时测量的积分曲线，通常称为偏压曲线，曲线平坦的部分越宽，则管子的性能越好. 通常阈值选取在曲线平坦部分中点.

2) 对 γ 本底的甄别能力

γ 射线几乎都是伴随中子存在的，γ 射线在正比计数管上打出的电子所产生脉冲信号比α粒子和 ^{7}Li 核所对应的信号小得多, 选取一定的甄别阈就可以把这些 γ 本底去掉. 只有当 γ 本底十分强时, 小幅度的 γ 脉冲叠加成大幅度信号, 才会使区分中子和 γ 脉冲发生困难, 此时电子学电路采用小的时间常数使脉冲宽度变窄, 可以减小 γ 脉冲重叠的概率.

四、 实 验 装 置

实验装置如图 3-7-3 所示.

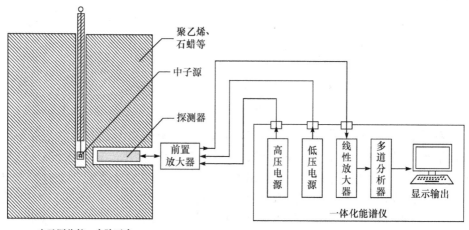

图 3-7-3　实验装置图

(1) BF$_3$ 正比计数管　　1 支;
(2) 前置放大器　　1 台;
(3) 一体化能谱仪　　1 台;
(4) ^{241}Am-Be 中子源　　1 枚;
(5) 中子源收储实验平台　　1 套;
(6) 不同厚度铅片、聚乙烯片　　若干;
(7) 直尺　　1 把.

五、 实验步骤及数据处理

1. 实验预习

(1) 学习 BF$_3$ 正比计数管探测中子的工作原理, 了解 ^{241}Am-Be 中子源能谱.

通过调研仪器说明书等相关资料, 熟悉各仪器的使用方法.

(2) 根据实验步骤及数据处理要求, 设计实验原始数据记录表.

2. 实验测量

(1) 确定 BF_3 正比计数管的工作条件.

① 按照实验装置图 3-7-3 连接各部分仪器, 检查各仪器是否能正常工作, 预热一体化能谱仪半小时.

② 将探测器放入中子实验平台孔道内, 在不同阈值下, 改变高压(从 0V 至规定高压上限值), 记录一体化能谱仪全谱计数(要求每次计数的相对标准误差小于 2%), 作出坪曲线, 确定高压.

③ 高压确定后, 从 0 开始调节一体化能谱仪阈值, 记录不同阈值下全谱计数(要求每一测量点计数的相对标准误差小于 2%), 作出偏压曲线, 确定阈值.

(2) 测量 BF_3 正比计数管的脉冲幅度谱.

① 在上述确定的工作条件下, 测量 BF_3 正比计数管脉冲幅度谱, 保存谱图数据.

② 测量不同位置中子计数率. 改变探测器与中子源之间的距离, 测量 BF_3 正比计数管脉冲幅度谱, 记录全谱计数(要求每一测量点计数的相对标准误差小于 2%).

③ 在中子源与探测器之间分别放置等厚的铅片和聚乙烯片, 测量 BF_3 正比计数管输出脉冲幅度谱, 保存谱图数据.

④ 将高压归零, 关闭电源, 整理仪器, 保持桌面整洁.

3. 数据处理

(1) 绘制不同阈值下全谱计数率随高压变化的坪曲线, 分析计数率随高压变化的规律及原因, 分析不同阈值下坪曲线的区别. 给出 BF_3 正比计数管的坪长、坪斜, 并通过坪曲线确定工作高压.

(2) 绘制计数率随阈值变化的偏压曲线, 确定阈值.

(3) 绘制 BF_3 正比计数管的脉冲幅度谱, 并分析能谱构成. 求出 2.31MeV 峰的能量分辨率, 计算 2.31MeV 和 2.79MeV 两个峰的峰面积比值并与理论值进行比较.

(4) 绘制全谱计数率随探测器与放射源距离的变化曲线, 并分析中子计数率随距离变化.

(5) 绘制未放置吸收片和有铅片、聚乙烯片情况下的脉冲幅度谱, 并分析不同屏蔽材料对中子脉冲幅度谱/全谱计数的影响.

六、 思 考 题

(1) 结合探测器工作原理，分析BF$_3$正比计数管坪曲线上坪区产生的原因，并与 G-M 计数管坪曲线上坪区产生原因对比.

(2) BF$_3$正比计数管测的脉冲幅度谱是中子能谱吗？如何使用 BF$_3$正比计数管测量中子能谱？

七、 实验安全操作及注意事项

1. 放射源安全注意事项

(1) 中子源收储于放射源库中，进入源库必须得到指导老师许可并在指导老师带领下进入源库.

(2) 进入源库时，应注意观察源库内辐射剂量监测预警系统是否正常工作，各剂量仪的实时测量值是否在安全范围内.

(3) 严禁擅动源库内与本实验无关的任何物品.

(4) 放射源使用过程中，必须按要求做好使用记录及相应的防护.

(5) 中子源收储实验平台测量孔打开后，禁止身体部位正对孔口！

(6) 实验过程中，应随时观察源库辐射剂量监测预警系统测量值是否在安全范围内，如系统报警或发现剂量值异常，应立即撤离源库，并向实验指导老师汇报，不得拖延、隐瞒、私自处理.

2. BF$_3$正比计数管使用注意事项

(1) 轻拿轻放，避免磕碰，使用环境干燥.

(2) 不能直接用手或其他不干净物体接触绝缘陶瓷.

3. 其他注意事项

(1) 实验结束后，必须关闭电源，整理仪器，保持桌面整洁.

(2) 最后离开实验室的小组，必须检查、关闭门窗.

八、 附 录

^{241}Am-Be(α, n)中子源能谱如图 3-7-4 所示.

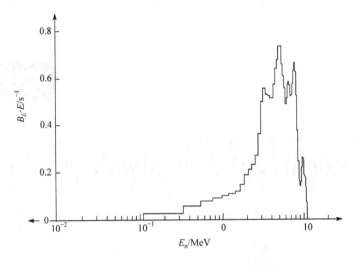

图 3-7-4 　^{241}Am-Be(α, n) 中子源能谱

九、　参 考 文 献

北京大学, 复旦大学. 1984. 核物理实验[M]. 北京: 原子能出版社.

曹利国. 2010. 核辐射探测及核技术应用实验[M]. 北京: 原子能出版社.

陈伯显, 张智. 2011. 核辐射物理及探测学[M]. 哈尔滨: 哈尔滨工程大学出版社.

丁洪林. 2009. 核辐射探测器[M]. 哈尔滨: 哈尔滨工程大学出版社.

复旦大学, 清华大学, 北京大学. 1982. 核物理实验方法: 下册[M]. 北京: 原子能出版社.

中华人民共和国国家质量监督检验检疫总局, 中国国家标准化管理委员会. 2009. GB/T
　　14055.1—2008. 中子参照辐射 第 1 部分: 辐射特性和产生方法[S]. 北京: 中国标准出版社.

实 验 3-8

NaI(Tl) γ 闪烁谱仪测量放射源活度

一、 实 验 目 的

(1) 了解 NaI(Tl) γ 闪烁谱仪的工作原理，学习调整闪烁谱仪的实验技术.
(2) 学习对 NaI(Tl) γ 闪烁谱仪进行效率刻度的方法.
(3) 了解几种不同的全能峰峰面积计算方法.

二、 实 验 内 容

(1) 用标准源对 NaI(Tl) γ 闪烁谱仪进行效率刻度.
(2) 用 NaI(Tl) γ 闪烁谱仪测量待测源活度.

三、 实 验 原 理

1. NaI(Tl) γ 闪烁谱仪

NaI(Tl) γ 闪烁谱仪主要由 NaI(Tl)闪烁体探测器与一体化能谱仪构成，如图 3-8-1 所示. NaI(Tl)闪烁体探测器由一块 Φ50mm×50mm NaI(Tl)晶体、光电倍增管以及前置放大器构成. 当射线(如 γ 射线)进入闪烁体时，在某一地点产生次级电子，它使闪烁体分子电离和激发，退激时发出大量光子. 闪烁光子入射到光电倍增管的光阴极上，通过光电效应产生光电子，光电子经过多级倍增后会产生更多的电子，大量电子在阳极负载上建立起电信号，经过前置放大器放大由电缆传输到一体化能谱仪中.

信号进入一体化能谱仪后，将进行信号放大、滤波成形以及脉冲幅度分析等过程. 同时, 一体化能谱仪能够为前端探测器提供高压和低压. 在一体化能谱仪的终端连接计算机, 计算机上配置有专用能谱采集分析软件, 可进行寻峰、能量刻度、加亮区分析、能谱储存等操作. 测量完成之后, 可将能谱数据转存到自己的计算机上, 进行能谱的二次分析与计算.

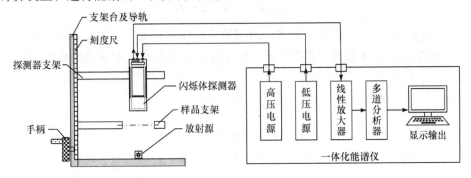

图 3-8-1　NaI(Tl)闪烁谱仪示意图

2. 全能峰法确定放射源的活度

放射源的活度 A 指单位时间源的衰变数, "γ射线的强度"指每秒钟放出的某种能量的γ光子的数目, 它又称为该放射源对这种能量光子的发射率, 用 N 表示. 知道了γ射线发射率, 可以由衰变纲图(包括分支比, 内转换系数等)求出源的活度.

根据计数脉冲的幅度分布情况, 实验上通常采用全能峰法确定γ射线的强度. 全能峰法是通过测量全能峰内的净计数率 n_p 而求出γ射线强度, 在此定义下所确定的效率, 即源峰探测效率

$$\varepsilon_{sp} = n_p/N \qquad\qquad (3\text{-}8\text{-}1)$$

因此要确定γ射线的强度, 必须知道探测器的探测效率, 探测效率既与γ射线的能量有关, 又与探测器的类型, 晶体的大小、形状, 以及源与探测器的几何位置等因素有关, 所以实验条件改变后, 必须对谱仪重新进行效率刻度.

3. NaI(Tl)γ闪烁谱仪的效率刻度

用标准源刻度法可以对探测效率做实验测定. 选用一组能量范围较宽, 活度已精确测定的标准源. 标准源的衰变纲图要求精确了解且不太复杂, 以便于计算光子产额 f_i, 即每次核衰变放出的第 i 种能量的光子数. 核素的衰变纲图可以在国际核数据中心网站上(http://www.nndc.bnl.gov)查到. 有了这样的数据, 可以方便地把第 i 种能量的γ光子发射率 N_i 和放射源活度 A 联系起来, 即 $N_i = f_i \cdot A$, 实验上

测得该种能量的 γ 射线全能峰净计数率 n_{pi}，源峰探测效率 $\varepsilon_{spi} = n_{pi}/N_i$.

对于 NaI(Tl) γ 闪烁谱仪，实验测定的效率曲线表明，在 $E > 0.2\text{MeV}$ 时，源峰探测效率 ε_{sp} 与能量 E_γ 的关系在双对数坐标图上近似为一条直线，即

$$\ln\varepsilon_{sp}(E_\gamma) = a_1\ln E_\gamma + a_2 \qquad (3\text{-}8\text{-}2)$$

式中，a_1 和 a_2 是待定的两个系数，随测量条件而定. 因此，只要用两个能量大于 0.2MeV 的标准源就可以进行刻度. 刻度好的谱仪便可以用来测量待测源的活度 A_x

$$A_x = N_x/f_{ix} \qquad (3\text{-}8\text{-}3)$$

$$N_x = n_{px}/\varepsilon_{spx} \qquad (3\text{-}8\text{-}4)$$

式中，f_{ix} 为该待测源每次核衰变放出的第 i 种能量 γ 射线的光子产额；n_{px} 为第 i 种能量 γ 射线全能峰净计数率，由实验测得；ε_{spx} 为谱仪对第 i 种能量 γ 射线的源峰探测效率，由效率刻度曲线计算得到. 需要注意得是，标准源和待测源的几何形状、测量条件、谱仪工作状态、全能峰面积的计算方法要完全一致.

四、 实 验 装 置

(1) NaI(Tl)闪烁体探测器　　1个；
(2) 一体化能谱仪　　1台；
(3) β / γ 综合实验平台　　1套；
(4) ^{60}Co 标准源　　1枚；
(5) ^{137}Cs 标准源　　1枚；
(6) ^{133}Ba 待测源　　1枚；
(7) ^{54}Mn 待测源　　1枚.

五、 实验步骤及数据处理

1. 实验预习

(1) 学习 γ 射线与物质相互作用的原理.

(2) 学习 NaI(Tl) γ 闪烁谱仪的工作原理，通过调研 NaI(Tl)探测器和一体化能谱仪的说明书等相关资料，初步确定探测器的工作条件，熟悉一体化能谱仪的使

用方法等.

(3) 根据实验步骤及数据处理要求，设计实验原始数据记录表.

2. 实验测量

(1) 用 ^{60}Co 源调整 NaI(Tl) γ 闪烁谱仪至正常的工作状态.

按图 3-8-1 实验装置框图连接仪器，打开一体化能谱仪电源，预热半小时左右. 将 ^{60}Co 放射源置于源槽，选择合适的工作高压与增益，调整谱仪至正常的工作状态，要求 ^{60}Co 1.33MeV γ 射线的能量分辨率小于 7%，记录工作参数.

(2) 在选定的实验条件下，测量标准源 ^{60}Co 和 ^{137}Cs 能谱.

① 分别将标准源 ^{137}Cs 和 ^{60}Co 置于源槽，测量 ^{137}Cs 源和 ^{60}Co 源的 γ 能谱，要求各谱的全能峰峰位计数相对标准误差小于 1%，记录 ^{137}Cs 的 0.662MeV、^{60}Co 的 1.17MeV 和 1.33MeV γ 射线全能峰左右边界道道址，并将谱图保存.

② 取走放射源，保持实验条件不变，测量本底谱，将谱图保存.

(3) 在相同的实验条件下，测量待测源 ^{133}Ba 、^{54}Mn 能谱.

① 将待测源 ^{133}Ba 置于源槽，测量 ^{133}Ba γ 能谱，要求光子产额最大的 γ 射线全能峰峰位计数相对标准误差小于 1%. 记录该能量 γ 射线全能峰左右边界道道址，并将谱图保存.

② 将待测源 ^{54}Mn 置于源槽，测量 ^{54}Mn γ 能谱，要求光子产额最大的 γ 射线全能峰峰位计数相对标准误差小于 1%. 记录该能量 γ 射线全能峰左右边界道道址，并将谱图保存.

③ 收好放射源，保持实验条件不变，测本底谱，将谱图保存.

④ 缓慢调节高压至 0V，关闭电源.

3. 数据处理

(1) 根据所测数据，对谱仪进行效率刻度.

用不同的方法计算 ^{137}Cs 的 0.662MeV γ 射线全能峰净计数率 n_{p1}(全能峰面积计算方法见本实验"八、附录")，通过查到 ^{137}Cs 的衰变纲图，找出 0.662MeV γ 射线的光子产额 f_1，因此可以得到 NaI(Tl) γ 闪烁谱仪对 0.662MeV γ 射线源峰探测效率 $\varepsilon_{sp1} = n_{p1}/(f_1 \cdot A)$，其中，$A$ 是 ^{137}Cs 标准源的活度，用同样的方法可以得到 NaI(Tl) γ 闪烁谱仪对 ^{60}Co 的 1.17MeV 和 1.33MeV γ 射线的源峰探测效率 ε_{sp2} 和 ε_{sp3}，通过以上数据完成对 NaI(Tl) γ 闪烁谱仪的效率刻度.

(2) 计算待测源 ^{133}Ba 的活度.

通过查 ^{133}Ba 衰变纲图, 找到其光子产额最大的 γ 射线, 记录能量 E_x, 光子产额 f_x, 在测得的 ^{133}Ba 能谱图上找到该能量 γ 射线全能峰, 计算全能峰净计数率 n_x, 计算方法需与标准源一致. 通过效率刻度曲线可以求得 NaI(Tl) γ 闪烁谱仪对该能量 γ 射线的源峰探测效率 ε_{spx}, 从而求得待测源活度 $A_x = n_x/(\varepsilon_{spx} \cdot f_x)$.

(3) 同理计算得到待测源 ^{54}Mn 的活度.

六、 思 考 题

(1) 影响活度测量准确性的因素有哪些? 实验上可以采取哪些相应的措施?

(2) 哪种计算全能峰面积的方法得到的待测源活度最为准确? 试分析原因.

(3) 除了源峰探测效率, 还有哪几种探测效率? 分别是如何定义的? 用另外的几种探测效率如何计算待测源的活度?

七、 实验安全操作及注意事项

1. 放射源安全注意事项

(1) 借用放射源必须向实验指导老师提出申请. 严禁私自使用其他实验项目使用的放射源, 严禁私自将本实验使用的放射源借给其他人使用.

(2) 归还放射源时, 实验小组必须将放射源亲自交还给实验指导老师, 严禁转交, 严禁未归还放射源就私自离开实验室.

(3) 放射源使用过程中, 必须按要求做好使用记录及相应的防护, 严禁将放射源随意放置在实验台桌上.

(4) 严禁将放射源的射线发射口对准他人.

(5) 取用放射源必须使用镊子等工具.

(6) 实验过程中, 如发现放射源异常、疑似误操作致放射源破损等情况, 应立即向实验指导老师汇报, 不得拖延、隐瞒、私自处理.

2. 高压注意事项

(1) 光电倍增管的高压不要超过 900V.

(2) 实验完成之后, 先将高压调至 0V, 再关闭电源.

> **3. 其他注意事项**

(1) 实验结束后，必须关闭电源，整理仪器，保持桌面整洁.

(2) 最后离开实验室的小组，必须检查、关闭门窗.

几种峰面积的计算方法如下.

确定峰面积的方法基本可以分为两类：一是计数相加法，即把全能峰内测到的各道址计数按一定关系直接相加，这种方法比较简单，但只适于确定单峰面积；二是函数拟合面积法，即把所测到的数据拟合成一个函数，然后积分这个函数得到峰面积，这种方法准确度高，适用于重叠峰的面积求解，但拟合计算的工作量较大. 本附录主要介绍计数相加法确定峰面积的方法，按照扣除本底和选取边界道方法的不同，计数相加法分为全能峰面积(TPA)法、科沃尔(Covell)峰面积法、瓦森(Wasson)峰面积法等，如图 3-8-2 所示.

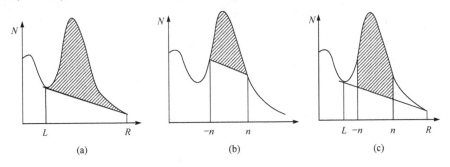

图 3-8-2 峰面积求解方法示意图

(a) TPA 法；(b) 科沃尔法；(c) 瓦森法

(1) TPA 法(最常用的一种方法)：取两边峰谷 L、R，把 L 道～R 道的所有脉冲计数相加，本底以直线扣除.

(2) 科沃尔法：该方法是在峰的前后沿上对称地选取边界道，并以直线连接峰曲线上相应于边界的两点，把此直线以下的计数作为本底扣除，全能峰与直线间的计数即为所求峰面积. 边界道 n 的最佳取值是使净峰面积的相对标准误差达到最小.

(3) 瓦森法：该方法边界道的取法与科沃尔法一样，但本底基线选择较低，与 TPA 法一样.

(4) 直接扣除本底法：该方法是用全能峰总计数直接减去测量出来的相应道址内的本底计数得到净面积.

九、 参 考 文 献

汲长松. 1990. 核辐射探测器及其实验技术手册[M]. 北京: 原子能出版社.
郑成法. 1983. 核辐射测量[M]. 北京: 原子能出版社.

实 验 3-9

γ-γ 符合测量

一、实 验 目 的

(1) 了解符合法的基本原理.

(2) 了解符合测量系统的组成部分,掌握符合测量的基本方法.

(3) 掌握符合装置的参数测量,学会用符合方法测定 ^{22}Na 的绝对活度.

二、实 验 内 容

(1) 通过调整符合参量,选定工作条件,观察各级输出信号波形及时间关系.

(2) 利用瞬时符合曲线法和偶然符合法测量符合系统的分辨时间.

(3) 利用 γ-γ 符合法测量 ^{22}Na 放射源的绝对活度.

三、实 验 原 理

符合技术是利用电子学的方法在不同探测器的输出脉冲中把有时间关联的事件选择出来. 符合法是研究相关事件的一种方法,在核物理与核技术应用的各领域中获得了广泛应用,如测量放射源的活度、研究核反应产物的角分布、测定激发态的寿命及角关联、测量飞行粒子的能谱、研究宇宙射线和实现多参数测量等.

1. 符合分辨时间 τ

符合装置所能够区分的最小时间间隔称为符合分辨时间,用 τ 表示,符合分辨时间是符合装置的基本参量, 它决定了符合装置研究不同事件间的时间关系时所能达到的精确度. 对于大量的在时间上互不相关的独立事件来说, 只要两个探测器的输出信号偶然地同时发生在 τ 时间间隔内, 这时符合电路也把它们作为同时事件而输出符合脉冲, 但这个事件不是真符合事件, 这种不具有相关性的事件之间的符合称为偶然符合.

假设两符合道的脉冲均为理想的矩形脉冲, 其宽度为 τ. 再设第 I 道的平均计数率为 n_1, 第 II 道的平均计数率为 n_2, 则在 t_0 时刻, 第 I 道的一个脉冲可能与从 $t_0 - \tau$ 到 $t_0 + \tau$ 时间内进入第 II 道的脉冲发生偶然符合, 其平均符合率为 $2\tau n_2$. 从而, 第 I 道 n_1 个计数的偶然符合计数率 $n_{\gamma c}$ 为

$$n_{\gamma c} = 2\tau n_1 n_2 \tag{3-9-1}$$

则有

$$\tau = \frac{n_{\gamma c}}{2 n_1 n_2} \tag{3-9-2}$$

可看出, 减小 τ 能够减小偶然符合概率. 但 τ 减小到一定程度会引起时间离散, 造成真符合丢失.

▶ 2. 测量符合分辨时间的两种方法

1) 偶然符合方法测量符合分辨时间

根据式(3-9-1), 测出偶然符合计数率 $n_{\gamma c}$ 和单道计数率 n_1、n_2 就可得到符合分辨时间 τ. 其中, n_1 和 n_2 应是两个独立的放射源或是时间上无关联的粒子在两个探测器中分别引起的计数率; 式中的 $n_{\gamma c}$ 应纯粹是偶然符合, 但实际测出的符合计数率中还包括本底符合计数率 n_b. 本底符合计数率是由宇宙射线和周围物体中天然放射性核素的级联衰变以及散射等产生的符合计数构成的. 所以实际测出的符合计数率为

$$n'_{\gamma c} = n_{\gamma c} + n_b = 2\tau n_1 n_2 + n_b \tag{3-9-3}$$

$$\tau = \frac{n'_{\gamma c} - n_b}{2 n_1 n_2} \tag{3-9-4}$$

在一定的实验条件下可认为本底符合计数率 n_b 是不变的, 则 $n'_{\gamma c}$ 和 $n_1 n_2$ 是直线关系. 通过改变放射源到探测器的距离使 n_1、n_2 和 $n'_{\gamma c}$ 改变, 得出几组 $n'_{\gamma c}$ 和 $n_1 n_2$ 的数据, 用最小二乘直线拟合, 就可以求出直线的斜率 2τ 和截距 n_b.

2) 利用测量瞬时符合曲线的方法来测量符合分辨时间

用脉冲发生器作信号源, 人为地改变两符合道的相对延迟时间 t_d 时, 符合计

数率随延迟时间t_d的分布曲线称为延迟符合曲线. 对于瞬发事件, 即发生的时间间隔远小于符合分辨时间τ的事件, 测得的延迟符合曲线称为瞬时符合曲线, 如图 3-9-1(a)所示.

由于标准脉冲发生器产生的脉冲基本上没有时间离散, 测得瞬时符合曲线为对称的矩形分布. 通常把瞬时符合曲线的宽度定为2τ, τ称为电子学分辨时间. 实际上, 由于探测器探测实际信号的过程中, 辐射粒子进入探测器的时间与探测器输出的脉冲前沿之间的时距(由于光电转换传输等过程的不确定性)并不是固定不变的, 该时距变化叫时间离散, 脉冲前沿的时间离散是探测器输出脉冲所固有的. 如果用放射源^{22}Na 的 γ-γ 瞬时符合信号作瞬时符合曲线测量, 其结果如图 3-9-1(b)所示. 以瞬时符合曲线的半宽度来定义符合分辨时间τ'(即最高符合计数率一半处的全宽度$2\tau'$). τ'又称为物理分辨时间. 在慢符合($\tau \geqslant 10^{-7}$s)情况下, $\tau' \approx \tau$.

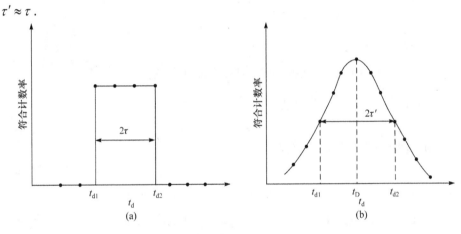

图 3-9-1   瞬时符合曲线

3. γ-γ符合测量放射源^{22}Na 绝对活度

^{22}Na 的半衰期为 2.602 年, 在短时间的测量过程中可不考虑其活度的变化. ^{22}Na 从 3^+ 的自旋态到 0^+ 的自旋态衰变过程是比较简单的, 只有 EC 俘获和 β 正衰变两种类型, 其中 β^+ 衰变的分支比为90%. 该过程放出的正电子进入物质后很快被慢化, 然后在正电子径迹末端遇负电子即发生湮没, 放出两个能量为 0.511MeV 的 γ 光子, 两个湮没光子的发射方向相反, 并且湮没光子的发射是各向同性的. 基于这种衰变特性, 通过两个能量为 0.511MeV 的 γ 光子符合来测量 ^{22}Na 的绝对活度. γ-γ符合测量实验装置如图 3-9-2所示.

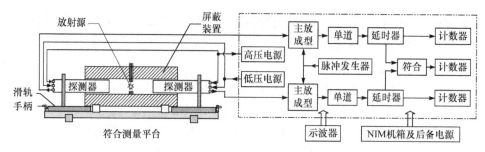

图 3-9-2 　γ-γ符合测量实验装置示意图

实验选用两个 NaI(Tl) 闪烁体探测器对 γ 射线进行探测. 如图 3-9-3 所示. 实验中探测器 I 与放射源之间的距离相对于探测器 II 要小一些，放射源与两探测器的轴线在同一直线上.

图 3-9-3 　实验中探测器与放射源相对位置示意图

γ 道 I (探测器 I)的计数率为

$$n_1 = 1.8 A_0 \Omega_1 \varepsilon_1 \tag{3-9-5}$$

γ 道 II (探测器 II)的计数率为

$$n_2 = 1.8 A_0 \Omega_2 \varepsilon_2 \tag{3-9-6}$$

式中，A_0 为 ^{22}Na 放射源活度，由于 ^{22}Na β$^+$ 衰变的概率为 90%，并且一次衰变放出两个 γ 光子，故 γ 光子的发射率为 $1.8 A_0$；Ω_1 和 Ω_2 分别为两探测器对源所张的相对立体角；ε_1 为探测器 I 对 γ 光子的探测效率，ε_2 为探测器 II 对 γ 光子的探测效率. 由于两个湮没光子的发射方向相反，并且 $\Omega_1 > \Omega_2$，因此假设一对湮没光子中的一个进入探测器 II，则另一个必然进入探测器 I. 故而符合道真符合计数率为

$$n_{co} = 1.8 A_0 \Omega_2 \varepsilon_1 \varepsilon_2 \tag{3-9-7}$$

由式(3-9-5)～式(3-9-7)可得 ^{22}Na 放射源活度的表达式为

$$A_0 = \frac{n_1 n_2}{n_{co} \Omega_1} \Big/ 1.8 \tag{3-9-8}$$

式(3-9-8)说明放射源的活度只与两个 γ 道和符合道的计数率以及探测器 I 对源所张的相对立体角 Ω_1 有关. 但由于以下原因，要测量放射源活度，还需要进行一些修正：第一，无论在两个 γ 道或符合道，都有本底计数；第二，由于两个 γ 道的

脉冲总有一定的宽度，符合电路存在一定分辨时间. 因此不相关的两个 γ 道的脉冲会产生偶然符合计数，并且本底也会产生符合计数. 因此，在实际测量时，我们不能简单地利用式(3-9-8)，而是要对上述各点进行修正.

(1) 本底修正. 要对本底进行修正，只需要对各个道的本底计数率扣除. 设 n_{1b}、n_{2b}、n_{cb} 分别为两个 γ 道和符合道的本底计数率，则

$$n_{10} = n_1 - n_{1b} \tag{3-9-9}$$

$$n_{20} = n_2 - n_{2b} \tag{3-9-10}$$

$$n_{12} = n_c - n_{cb} \tag{3-9-11}$$

其中，$n_c = n_{co} + n_{\gamma c}$，即包含真符合计数率和偶然符合计数率. 而在实验上，将放射源取走后，很容易测得本底计数率 n_{1b}、n_{2b} 及 n_{cb}.

(2) 分辨时间修正. 符合电路存在一定的分辨时间会引起偶然符合的发生，从而使符合道的计数增加. 对分辨时间修正就是设法由总的计数率 n_1、n_2、n_c 和分辨时间 τ_R，计算出偶然符合计数率，再从符合道总计数率扣除偶然符合计数率，即得到真符合计数率. 当两个不相关的 γ 脉冲，在符合分辨时间 τ 内被记录，就会给出一个偶然符合计数. 实测 Ⅰ 道的计数率为 n_1，Ⅱ 道的计数率为 n_2，符合道总计数率为 n_c，真符合计数率为 n_{co}. 那么在 Ⅰ 道计数中不参与真符合的计数为 $n_1 - n_{co}$，对偶然符合计数率的贡献为 $(n_1 - n_{co})\tau_R n_2$. 同样，在 Ⅱ 道计数中，不参与真符合部分的计数率为 $n_2 - n_{co}$，对于偶然符合的贡献为 $(n_2 - n_{co})\tau_R n_1$. 于是总的偶然符合计数率为

$$n_{\gamma c} = (n_1 - n_{co})\tau_R n_2 + (n_2 - n_{co})\tau_R n_1 \tag{3-9-12}$$

$$n_{\gamma c} = n_c - n_{co} \tag{3-9-13}$$

最后得到真符合计数率为

$$n_{co} = \frac{n_c - 2\tau_R n_1 n_2}{1 - \tau_R(n_1 + n_2)} \tag{3-9-14}$$

把以上各项修正综合起来考虑时，可以得到

$$A = \frac{(n_1 - n_{1b})(n_2 - n_{2b})[1 - \tau_R(n_1 + n_2)]}{(n_c - 2\tau_R n_1 n_2)\Omega_1} \Big/ 1.8 \tag{3-9-15}$$

▶ 四、　实 验 装 置

(1) NaI(Tl)闪烁体探测器　　2 个；

(2) 高压电源　　2 个；

(3) 线性放大器　　2 个；

(4) 单道分析器　　2个;

(5) 符合电路　　1个;

(6) 定标器　　3台;

(7) NIM 机箱及后备电源　　1套;

(8) 脉冲发生器　　1台;

(9) 示波器　　1台;

(10) ^{22}Na 源　　1枚;

(11) ^{137}Cs 源　　2枚.

五、 实验步骤及数据处理

1. 实验预习

(1) 了解符合测量装置的组成,通过调研仪器说明书等相关资料,学习各实验仪器的原理,熟悉各仪器的使用方法等.

(2) 根据实验步骤及数据处理要求,设计实验原始数据记录表.

2. 实验测量与数据处理

(1) 调整仪器工作状态.

① 按照图 3-9-2 连接实验仪器,打开电源,预热半小时左右.

② 用脉冲发生器的信号作输入信号源,调整符合系统的各项参数使系统正常工作,用示波器观察各级输出信号的波形及其时间关系.

③ 改变输入信号的大小,观察并记录定时单道输出脉冲的时间稳定性.

④ 如果两道的定时单道输出脉冲不同时,则应调节定时单道的"延时"使两道输出信号发生在同一时间.

(2) 测定 ^{22}Na 脉冲幅度谱,确定单道阈值.

① 将 ^{22}Na 放射源放入两探头中间,给探测器加合适的高压,调节放大器成形时间和放大倍数,使 γ 射线的输出信号幅度在合理的范围内.

② 保持单道道宽不变,逐渐改变下阈值,测得每一阈值下的输出脉冲计数,作出脉冲计数随阈值的变化曲线图,即得到 ^{22}Na 的脉冲幅度谱,根据谱形图仔细选择单道的阈值,确保两单道的输出只包含了 0.511MeV γ 射线的信号.

(3) 测量瞬时电子学符合曲线.

① 用脉冲发生器作为输入信号源，调节符合成形时间，使脉冲宽度为0.2～0.5μs.

② 固定其中一道脉冲的延迟时间，改变另一道的延时，测量不同延时下的符合计数率，作出瞬时符合曲线，求出电子学分辨时间.

(4) ^{22}Na源作瞬时符合曲线.

① 用探测器探测到的^{22}Na源的γ信号代替脉冲发生器作为输入信号源，将单道的阈值设置为步骤(2)中所确定的值.

② 用^{22}Na源的γ-γ符合计数作瞬时符合曲线，求出物理分辨时间，要求每一点计数的相对标准误差小于 2%.

(5) 测定^{22}Na放射源的绝对活度.

① 在与测分辨时间相同的实验条件下，固定探测器 I 与放射源的距离为0.5cm,转动手柄调节探测器 II 与放射源的距离,测出 5 组及以上不同距离下的n_1、n_2 与 n_c，要求每一测量点计数的相对标准误差小于 2%.

② 取走放射源，分别测出 n_{1b}、n_{2b} 与 n_{cb}.

③ 根据式(3-9-15)计算^{22}Na放射源的活度 A，根据误差传递推导出放射源活度 A 的标准误差 σ_A.

(6) 偶然符合法测量符合装置分辨时间.

① 用两个^{137}Cs 放射源作偶然符合，用一定厚度的铅砖将两个放射源及探测器隔开，改变探测器与源的距离，测出 6 组以上 n_1、n_2 和符合道计数率 $n_{\gamma c}$，用最小二乘拟合法拟合求出符合装置的分辨时间. 将结果与步骤(3)、(4)所得的结果进行比较.

② 实验操作完毕，检查数据，缓慢将高压调至 0V，关闭仪器电源，保持桌面整洁.

六　思　考　题

(1) 本实验中单道的阈值如何确定？

(2) 最后的活度为什么还与立体角有关？本实验中所用^{22}Na放射源视为点源，立体角应如何计算？

(3) 欲测量活度为 10μCi(1Ci=3.7×10^{10}Bq)的源，并要求真偶符合比 $\dfrac{n_{co}}{n_{\gamma c}} \geqslant 10$，符合装置的分辨时间应如何选择？为什么首先要测定符合的分辨时间？

七、 实验安全操作及注意事项

1. 放射源安全注意事项

(1) 借用放射源必须向实验指导老师提出申请. 严禁私自使用其他实验项目使用的放射源, 严禁私自将本实验使用的放射源借给其他人使用.

(2) 归还放射源时, 实验小组必须将放射源亲自交还给实验指导老师, 严禁转交, 严禁未归还放射源就私自离开实验室.

(3) 放射源使用过程中, 必须按要求做好使用记录及相应的防护, 严禁将放射源随意放置在实验台桌上.

(4) 严禁将放射源的射线发射口对准他人.

(5) 取用放射源必须使用镊子等工具.

(6) 实验过程中, 如发现放射源异常、疑似误操作致放射源破损等情况, 应立即向实验指导老师汇报, 不得拖延、隐瞒、私自处理.

2. 其他注意事项

(1) 实验结束后, 必须关闭电源, 整理仪器, 保持桌面整洁.

(2) 最后离开实验室的小组, 必须检查、关闭门窗.

八、 附　　录

常用的符合测量的方法, 除了 γ-γ 符合外, 还有 β-γ 符合、延迟符合、反符合等.

1. β-γ 符合

当放射性核素发生级联衰变时, 如 ^{60}Co 衰变时, 同时放出 β 射线及 γ 射线. 可同时使用塑料闪烁体探测器测量 β 计数, 使用经铝屏蔽罩屏蔽的 NaI(Tl) 探测器测量 γ 计数, 经角关联、内转换等修正之后, 可用于测量放射性核素的绝对活度.

2. 延迟符合

核素衰变或核反应生成的原子核如果处于激发态, 则处于激发态的原子核会衰变到能量更低的态并发出 γ 射线. 在这个过程中, 前级衰变或核反应过程会提供一个"前置脉冲", 激发态退激衰变时又会提供一个"延迟脉冲", 对这种相关事件，只需通过延迟电路将"前置脉冲"延迟一段时间，就可以和"延迟脉冲"符合，即延迟符合方法. 延迟符合方法是测量原子核激发态寿命的常用方法.

3. 反符合

反符合方法与符合方法相反，可以用来排除同时性事件. 例如，在使用 NaI(Tl) 闪烁体探测器测量 γ 能谱的过程中，可以将 γ 光子在闪烁体内的康普顿效应中反冲电子的脉冲和散射光子产生的光电脉冲同时输入到反符合电路中，此时反符合电路不输出脉冲，即排除了同时性事件. 使用反符合方法可以减少反冲电子产生的脉冲数，达到提高 γ 射线能谱峰康比的目的. 另外，在低水平测量工作中，为了减少本底，反符合方法也是一种很有效的措施.

九、　参 考 文 献

北京大学, 复旦大学. 1984. 核物理实验[M]. 北京: 原子能出版社.

复旦大学, 清华大学, 北京大学. 1984. 原子核物理实验方法: 上册[M]. 北京: 原子能出版社.

格伦 F. 诺尔. 1988. 辐射探测与测量[M]. 北京: 原子能出版社.

郑成法. 1983. 核辐射测量[M]. 李旭, 张瑞增, 徐海珊, 等, 译. 北京: 原子能出版社.

第四部分　辐射剂量与防护实验

　　辐射剂量与防护实验作为核工程与核技术专业的基础实验课程之一，设计了 6 个实验．内容包含不同种类射线的剂量测量方法，放射性工作场所的剂量监测方法，放射性工作人员的个人剂量监测方法等．

　　通过这部分实验课程的学习，学生应掌握辐射剂量与辐射源强度、距离、射线种类的关系，掌握不同种类辐射的剂量测量与防护方法，以及针对放射性场所、放射性工作人员、公众的辐射监测方法，了解相关法律法规、国家标准和行业标准，熟悉针对不同人群的剂量限值．

　　实验中部分内容需在实验室外的公共场所测量，在外出过程中应注意个人及设备安全；在进行射线装置、含源设备的辐射剂量场分布测量时，应注意个人辐射防护．

实 验 4-1

X/γ辐射剂量测量

一、 实 验 目 的

(1) 掌握辐射剂量的基本概念.

(2) 了解常用的 X/γ 辐射剂量仪的工作原理，掌握 X/γ 辐射剂量仪的正确使用方法.

(3) 了解照射距离、受照时间和屏蔽材料对 γ 射线剂量的影响，掌握外照射防护的基本原则.

二、 实 验 内 容

(1) 使用 X/γ 辐射剂量仪测量剂量(率)随照射距离、照射时间和屏蔽材料种类及厚度的变化关系.

(2) 理论计算距离标准放射源不同位置处的剂量率，并与实验测量结果进行比较分析.

三、 实 验 原 理

电离辐射通过与物质的相互作用，把能量传递给受照物，并在其内部引起各种变化. 为了描述辐射场、辐射作用于物质时的能量传递及受照物内部变化的程度引入了粒子注量、吸收剂量、当量剂量和有效剂量等物理量. γ 射线吸收剂量的确定是 γ 防护屏蔽设计的基础.

▶ 1. 点源空气吸收剂量计算

点源是构成任何形状体源的基础，因此点源的剂量计算公式具有特殊的重要性.

在带电粒子平衡条件下，γ射线产生的空气吸收剂量率与光子注量的关系可表示为

$$\dot{D}_i = k \cdot \varphi_i \cdot \left(\frac{\mu_{eni}}{\rho} \right) \cdot E_i \tag{4-1-1}$$

式中，$\dot{D}_i$ 为能量为 E_i 的光子在探测点处产生的空气吸收剂量率，nGy/h；E_i 为光子的能量，MeV；φ_i 为在该处光子的注量率，$m^{-2} \cdot s^{-1}$；μ_{eni}/ρ 为能量为 E_i 的光子在空气中的质能吸收系数(见本实验 "八、附录" 中的表 4-1-1)，m^2/kg；k 为 nGy/h 与 MeV/(kg·s) 两个单位之间的转换系数，$k=0.57676$.

在距离放射源 d(m)处，发射能量为 E_i 的光子的注量率为

$$\varphi_i = \frac{A\eta_i}{4\pi d^2} \cdot e^{-\frac{\mu_i}{\rho} \cdot \rho \cdot d} \tag{4-1-2}$$

式中，φ_i 为在该处光子的注量率，$m^{-2} \cdot s^{-1}$；A 为放射源活度，Bq；η_i 为能量为 E_i 的光子的分支比；μ_i/ρ 为能量为 E_i 的光子在空气中的质量减弱系数，m^2/kg，该值可通过查表得到；ρ 为空气的密度，kg/m^3.

因点源发射的光子能量可能不止一种，其产生的空气吸收剂量率应为发射所有能量光子的吸收剂量率之和. 因此，在探测器位置处，该点源产生的γ射线的空气吸收剂量率理论值为

$$\dot{D} = \sum_i \dot{D}_i = \frac{k \cdot A}{4\pi d^2} \cdot \sum_i \eta_i \cdot e^{-\frac{\mu_i}{\rho} \cdot \rho \cdot d} \cdot E_i \cdot \frac{\mu_{eni}}{\rho} \tag{4-1-3}$$

式中，d 为点源与探测器等效中心的距离，m.

在实际工作中，如果在源内部的自吸收可以忽略的话，那么只要计算剂量的点与源的距离(简称为源距)比源的最大线度大 5~7 倍以上的辐射源都可以近似为点源.

▶ 2. 影响剂量大小的主要外部因素(外照射防护的一般方法)

1) 受照时间

在一定的照射条件下，照射剂量的大小与受照时间成正比，照射时间越长，照射剂量就越大.

2) 与放射源的距离

外照射剂量与到辐射源的距离直接相关. 对于点源，照射剂量和该点与源的

距离平方成比.

3) 屏蔽材料

当 γ 光子穿过物质时，可能会通过光电效应、康普顿散射、电子对效应，以及相干散射、光致核反应、核共振反应等与物质发生相互作用，强度逐渐减弱，照射剂量也会相应减小.

3. 常用 X/γ 辐射剂量仪介绍

根据选用探测器的不同，用于 X/γ 剂量测量的仪器有很多类型，如电离室型、正比计数管型、G-M 计数管型、闪烁体型、半导体型以及胶片剂量计、热释光元件等. 这些剂量仪各有优缺点，测量时可根据不同测量环境和不同测量要求来具体选择. 目前剂量仪用得最多的探测器是电离室型、G-M 计数管型和闪烁体型.

1) 电离室型剂量仪

电离室型剂量仪对吸收剂量的测量是通过两个步骤来完成的：①测量由电离辐射产生的电离电荷；②根据空气的平均电离能和测得的电离电荷来换算电离辐射沉积下来的能量，即吸收剂量.

电离室型剂量仪的优点就是能量响应好，角度响应较好，长期稳定性好，可用作剂量的绝对测量. 但是电离室探测效率低，易受温度、压强的影响，而且体积较大，重量较大，不利于携带，一般为国家一级或二级剂量标准实验室所配置，用在基准刻度工作中.

2) G-M 计数管型剂量仪

严格来讲，G-M 计数管的响应与空气吸收剂量、照射量及空气比释动能是没有直接联系的. 如果选择适当的管壁材料或外加屏蔽过滤材料，在一定能量范围内，可以使其响应与空气吸收剂量、照射量和空气比释动能近似成正比.

G-M 计数管具有体积小、灵敏度相对较高、成本低廉、使用方便的特点，过载特性也较好，适合应用于小型便携式仪器，但能量响应和线性响应较差，测量范围不够大. G-M 计数管死时间较长，剂量率高时易阻塞，对测量结果有影响.

3) 闪烁体型剂量仪

闪烁体型剂量仪的灵敏度比 G-M 计数管还高，它的能量响应特性取决于选择的闪烁体的材料和大小，选择适当的闪烁体和采用相应的电路，能够使其读数近似正比于吸收剂量.

闪烁体型剂量仪具有极高的灵敏度，测量线性佳，经适当的技术处理后能量响应可做得很好，但测量范围较小，高剂量端响应不佳且由于电真空器件(光电倍增管)的特性，使用时必须注意防止振动/冲击的影响.

4) 半导体型剂量仪

半导体型剂量仪和气体空腔电离室的原理是相同的，可以看作一个固体空腔电离室，它的优点是能量分辨率很高，脉冲上升时间短，灵敏度较高，使用方便，且过载特性也颇好，适合应用于小型便携式仪器和个人剂量计，能量响应和线性响应也较好，测量范围也较大，是综合性能较好的探测器.

四、 实 验 装 置

(1) X/γ 辐射剂量仪　　1 台；
(2) 激光准直器　　1 台；
(3) 直尺　　1 把；
(4) ^{137}Cs 源　　1 枚；
(5) 铅片、铝片　　若干；
(6) 三脚架　　1 台.

五、 实验步骤及数据处理

(1) 查阅仪器说明书，学习 X/γ 辐射剂量仪的使用方法及注意事项.

(2) 本底剂量测量.

打开剂量仪电源，设置测量参数(测量时间、报警阈值等)，测量环境本底剂量率，测量三次，取平均值. 将所测数据填入表 4-1-2.

(3) 不同源距剂量率测量与理论计算.

① 将 ^{137}Cs 源置于三脚架上，利用激光准直器保证剂量仪与放射源在同一直线上，设置剂量仪与放射源之间距离分别为 10cm、20cm、30cm、40cm、60cm、80cm 和 100cm，测量每一距离处的剂量率. 每个点测量三次，取平均值. 作图并分析剂量率与放射源距离的关系.

② 根据标准源的活度，利用式(4-1-3)，计算上述每一距离的剂量率值. 在考虑本底剂量率的情况下，对比理论计算值与实验值，并分析原因.

(4) 不同受照时间和不同屏蔽情况下剂量(率)测量.

① 设置不同测量时间(即受照时间),在距离 ^{137}Cs 源 20cm 处使用剂量仪测量累积剂量,各测量三次,取平均值. 分析累积剂量与受照时间的关系.

② 在 ^{137}Cs 源与剂量仪之间分别放置不同厚度屏蔽材料(如铅片、铝片),记录不同厚度下的剂量率,作图并分析剂量率与屏蔽材料厚度及种类的关系.

(5) 实验操作完毕,检查数据,关闭仪器电源,保持桌面整洁.

六、 思 考 题

(1) 在放射性工作中,如何减小工作人员受到的辐射剂量?

(2) 简要说明吸收剂量率与空气比释动能率的关系.

七、 实验安全操作及注意事项

1. 放射源安全注意事项

(1) 借用放射源必须向实验指导老师申请. 严禁私自使用其他实验项目使用的放射源,严禁私自将本实验使用的放射源借给其他人使用.

(2) 归还放射源时,实验小组必须将放射源亲自交还给实验指导老师,严禁转交,严禁未归还放射源就私自离开实验室.

(3) 放射源使用过程中,必须按要求做好使用记录及相应的防护,严禁将放射源随意放置在实验台桌上.

(4) 取用放射源必须使用镊子等工具.

(5) 实验过程中,如发现放射源异常、疑似误操作致放射源破损等情况,应立即向实验指导老师汇报,不得拖延、隐瞒、私自处理.

2. 剂量仪使用注意事项

(1) 使用时注意轻拿轻放.

(2) 使用过程中,若发现剂量仪报警,请立即联系实验指导老师.

3. 其他注意事项

(1) 实验结束后,必须关闭电源,整理仪器,保持桌面整洁.

(2) 最后离开实验室的小组,必须检查、关闭门窗.

八、 附　　录

（1）X 射线或 γ 射线在某些物质中的质量减弱系数和质能吸收系数见表4-1-1.

表 4-1-1　X 射线或 γ 射线在某些物质中的质量减弱系数 μ/ρ 和质能吸收系数 μ_{en}/ρ

（单位： m^2/kg ）

能量/MeV	干燥空气		水	
	μ/ρ	μ_{en}/ρ	μ/ρ	μ_{en}/ρ
1.0×10^{-2}	5.016×10^{-1}	4.640×10^{-1}	5.223×10^{-1}	4.840×10^{-1}
1.5×10^{-2}	1.581×10^{-1}	1.300×10^{-1}	1.639×10^{-1}	1.340×10^{-1}
2.0×10^{-2}	7.643×10^{-2}	5.255×10^{-2}	7.958×10^{-1}	5.367×10^{-2}
3.0×10^{-2}	3.501×10^{-2}	1.501×10^{-2}	3.718×10^{-2}	1.520×10^{-2}
4.0×10^{-2}	2.471×10^{-2}	6.694×10^{-2}	2.668×10^{-2}	6.803×10^{-3}
5.0×10^{-2}	2.073×10^{-2}	4.031×10^{-3}	2.262×10^{-2}	4.155×10^{-3}
6.0×10^{-2}	1.871×10^{-2}	3.004×10^{-3}	2.055×10^{-2}	3.152×10^{-3}
8.0×10^{-2}	1.661×10^{-2}	2.393×10^{-3}	1.835×10^{-2}	2.583×10^{-3}
1.0×10^{-1}	1.541×10^{-2}	2.318×10^{-3}	1.707×10^{-2}	2.539×10^{-3}
1.5×10^{-1}	1.356×10^{-2}	2.494×10^{-3}	1.504×10^{-2}	2.762×10^{-3}
2.0×10^{-1}	1.234×10^{-2}	2.672×10^{-3}	1.370×10^{-2}	2.966×10^{-3}
3.0×10^{-1}	1.068×10^{-2}	2.872×10^{-3}	1.187×10^{-2}	3.192×10^{-3}
4.0×10^{-1}	9.548×10^{-3}	2.949×10^{-3}	1.061×10^{-2}	3.279×10^{-3}
5.0×10^{-1}	8.712×10^{-3}	2.966×10^{-3}	9.687×10^{-3}	3.299×10^{-3}
6.0×10^{-1}	8.056×10^{-3}	2.953×10^{-3}	8.957×10^{-3}	3.284×10^{-3}
8.0×10^{-1}	7.075×10^{-3}	2.882×10^{-3}	7.866×10^{-3}	3.205×10^{-3}
1.0	6.359×10^{-3}	2.787×10^{-3}	7.070×10^{-3}	3.100×10^{-3}
1.5	5.176×10^{-3}	2.545×10^{-3}	5.755×10^{-3}	2.831×10^{-3}
2.0	4.447×10^{-3}	2.342×10^{-3}	4.940×10^{-3}	2.604×10^{-3}
3.0	3.581×10^{-3}	2.054×10^{-3}	3.969×10^{-3}	2.278×10^{-3}
4.0	3.079×10^{-3}	1.866×10^{-3}	3.403×10^{-3}	2.063×10^{-3}
5.0	2.751×10^{-3}	1.737×10^{-3}	3.031×10^{-3}	1.913×10^{-3}
6.0	2.523×10^{-3}	1.644×10^{-3}	2.771×10^{-3}	1.804×10^{-3}
8.0	2.225×10^{-3}	1.521×10^{-3}	2.429×10^{-3}	1.657×10^{-3}
1.0×10^{1}	2.045×10^{-3}	1.446×10^{-3}	2.219×10^{-3}	1.566×10^{-3}

(2) 原始数据记录在表 4-1-2 中.

表 4-1-2　X/γ辐射剂量仪测量数据记录表

测量日期:				测量地点:			
测量仪器:				测量人员:			
本底剂量率				放射源出厂活度/出厂日期			

1. 剂量率随源距的关系(剂量率单位:　　)

距离/cm	10	20	30	40	60	80	100
第1次							
第2次							
第3次							

2. 累积剂量随受照时间的关系(剂量单位:　　)

测量时间1	累积剂量		测量时间2	累积剂量		测量时间3	累积剂量	
	第1次			第1次			第1次	
	第2次			第2次			第2次	
	第3次			第3次			第3次	

3. 剂量率随屏蔽材料变化的关系(剂量率单位:　　)

铝片	厚度/mm						…
剂量率	第1次						…
	第2次						…
	第3次						…
铅片	厚度/mm						…
剂量率	第1次						…
	第2次						…
	第3次						…

九、　参 考 文 献

国家质量技术监督局. 2001. GB/T 12162. 1—2000. 用于校准剂量仪和剂量率仪以及确定其能量响应的 X 和 γ 参考辐射[S]. 北京: 中国标准出版社.

国家质量监督检验检疫总局计量司, 北京市计量检测科学研究院. 2008. 电离辐射计量[M].北京: 中国计量出版社.

汤彬, 葛良全, 方方, 等. 2011. 核辐射测量原理[M]. 哈尔滨: 哈尔滨工程大学出版社.

夏益华. 2010. 高等电离辐射防护教程[M]. 哈尔滨: 哈尔滨工程大学出版社.

实验 4-2

热释光剂量仪

一、 实 验 目 的

(1) 了解热释光剂量仪的工作原理.

(2) 掌握热释光剂量仪的正确使用方法.

(3) 了解受照时间和屏蔽材料对测定 γ 射线吸收剂量的影响.

二、 实 验 内 容

(1) 测量热释光剂量片(LiF(Mg、Ti))元件的发光曲线, 选择加热程序.

(2) 校准热释光剂量仪.

(3) 测量不同照射时间的待测剂量片吸收剂量.

(4) 根据对吸收剂量减弱的要求, 计算铅屏蔽体的厚度, 测量经铅屏蔽后的待测剂量片吸收剂量.

三、 实 验 原 理

热释光剂量仪是测量热释光探测器发光量的仪器. 其基本工作原理是: 经辐照后的待测元件由仪器内的电热片或热气等加热, 待测元件加热后所发出的光, 通过光电倍增管转换成电信号, 最后再换算出待测元件所接收的照射量. 热释光剂量仪主要由加热、光电转换、输出显示三部分组成. 图 4-2-1 为本实验所用热释光剂量仪的原理方框图.

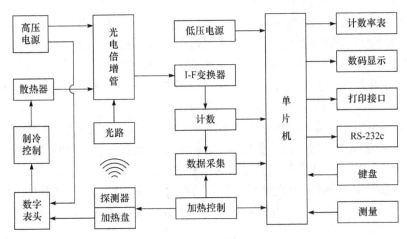

图 4-2-1 热释光剂量仪原理方框图

1. 热释光

物质受到电离辐射等作用后，将辐射能量储存在陷阱，加热时，陷阱中的能量便以光的形式释放出来，这种现象称为热释光. 具有热释光特性的物质称为热释光磷光体，如锰激活的硫酸钙($CaSO_4(Mn)$)、镁钛激活的氟化锂($LiF(Mg、Ti)$)等. 本实验中使用的剂量片是氟化锂($LiF(Mg、Ti)$)，剂量片受辐照时将辐射能量储存在陷阱中，所受的吸收剂量与储存的能量成正比. 加热受过照射的剂量片时，以光子的形式释放储存的能量，因此可以通过测量剂量片加热后释放的总光子数，来计算剂量片所受的吸收剂量.

2. 发光曲线

热释光的强度与加热温度(或加热时间)的关系曲线叫做发光曲线. 氟化锂($LiF(Mg、Ti)$)的典型发光曲线如图 4-2-2 所示. 晶体受热时，电子首先由较浅的陷阱中释放出来，当这些陷阱中储存的电子全部释放完时，光强度减小，形成图中的第一个峰. 随着加热温度的增加，较深的陷阱中的电子被释放，又形成了图中的其他峰. 发光曲线的形状与材料性质、加热速度、热处理工艺和射线种类等有关. 对于辐射剂量测量的热释光磷光体，要求发光曲线尽量简单，并且主峰温度要适中. 发光曲线下的面积叫做发光总额. 同一

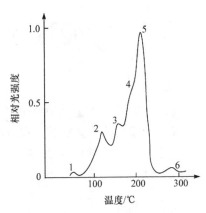

图 4-2-2 氟化锂($LiF(Mg、Ti)$)的典型发光曲线

种磷光体，若接受的照射量一定，则总发光额是一个常数．因此，原则上可以用任何一个峰的积分强度确定剂量．但是低温峰一般不稳定，有严重的衰退现象，必须在预热阶段予以消除．很高温度下的峰是红外辐射的贡献，不适宜用作剂量测量．对氟化锂元件通常测量的是 210℃ 下的第五个峰．另外，剂量也可以与峰的高度相联系，所以测量发光强度一般有两种方法．

(1) 峰高法：测量发光曲线中峰的高度．这一方法具有测速快、衰退影响小、本底荧光和热辐射本底干扰小等优点．它的主要缺点是：因为峰的高度是加热速度的函数，所以加热速度和加热过程的重复性对测量带来的影响比较大．

(2) 光和法：测量发光曲线下的面积，亦称面积法．这一方法受升温速度和加热过程的重复性的影响小．可以采用较高的升温速度，并可采用测量发光曲线中一部分面积的方法(窗户测量法)消除低温峰及噪声本底的影响．它的主要缺点是受"假荧光"热释光本底及残余剂量干扰较大，所以在测量中必须选择合适的"测量"阶段和"退火"阶段的温度．合理地选择各阶段持续时间，以保证磷光体各个部分的温度达到平衡，以利于充分释放储存的辐射能量．

四、 实 验 装 置

(1) 热释光剂量仪　　1台；
(2) LiF(Mg、Ti)剂量片　　若干；
(3) 加热盘　　1个；
(4) 退火炉　　1台；
(5) ^{60}Co 标准源　　1枚．

五、 实验步骤及数据处理

▶ 1. 退火

(1) 打开热释光退火炉电源，充分预热半小时左右．
(2) 调节温度设置旋钮，设置退火炉温度为 300℃．
(3) 将 30 片热释光剂量片(LiF(Mg、Ti))置于加热盘中，将加热盘置于炉内，启动退火炉，半小时后取出加热盘．

▶ 2. 辐照

将 20 片剂量片放入 ^{60}Co 标准源中照射 1h，得到标准剂量片，剂量为 D.

3. 测量发光曲线，确定加热程序

(1) 打开热释光剂量仪，预热半小时左右.

(2) 调节热释光剂量仪，使其处于不分阶段性升温状态. 将被 ^{60}Co 源辐照过的剂量片放入加热盘中，注意保持两者之间的良好接触.

(3) 测量剂量片的发光曲线，标出各峰对应的温度.

(4) 确定预热温度和测量温度.

4. 校准热释光剂量仪

(1) 按照已确定的加热程序，调整仪器的工作条件.

(2) 将剂量仪输入的本底清零，测量 10 片未经辐照的剂量片，求出平均本底剂量值 D_0，记录数据于表 4-2-1.

(3) 设置仪器输入本底为 D_0，测量 $10\sim15$ 片已辐照的标准剂量片，求出平均剂量值 D_1，计算 D 与 D_1 的比值 K，记录数据于表 4-2-2.

(4) 将剂量仪输入的本底清零，在不放入剂量片的情况下测量标准光源本底，测量 10 组求出平均本底 D_b，记录数据于表 4-2-3.

(5) 设置仪器输入本底为 D_b，测量标准光源得到剂量显示值 D_2，不断调节高压，继续测量标准光源剂量，使得标准光源测量显示值为 KD_2，记录此时的高压值与数据于表 4-2-4.

(6) 保持步骤(5)中的高压值不变，将仪器输入的本底清零，测量 10 片未经辐照的剂量片，求出平均本底剂量值 D_0'，记录数据于表 4-2-5.

(7) 设置仪器本底为 D_0'，测量剩余的标准剂量片，检验其测量结果是否为 D，记录数据于表 4-2-6.

5. 测量待测剂量片剂量

(1) 保持仪器的工作条件与步骤 4 第(7)步完全相同，将若干 LiF(Mg、Ti)剂量片放入 ^{60}Co 标准源中照射半小时，测量待测剂量片的剂量，记录数据于表 4-2-7，与表 4-2-6 数据比较，分析受照剂量的大小与受照时间的关系.

(2) 在 ^{60}Co 标准源中照射半小时，若要使受照剂量减小一半，理论计算所需要的铅屏蔽体的厚度，根据计算结果，将一定厚度的铅屏蔽体放入测量架内，用 ^{60}Co 源照射屏蔽后的 LiF(Mg、Ti)剂量片半小时，测量待测剂量片的剂量，记录数据于表 4-2-8，与理论值比较，分析误差产生的原因，理解外照射防护的一般方法.

(3) 实验操作完毕，检查数据，关闭仪器电源，保持桌面整洁.

六、 思 考 题

(1) 简述使用热释光剂量仪时，确定加热程序的原则. 如果加热温度过高，将会对测量结果带来什么影响？

(2) 为什么热释光发光曲线不止一个峰？

(3) 某工作人员在离 379mCi 的 ^{60}Co 源 1m 处工作，假如容许他接受 0.5mSv 的剂量当量，试计算他在该处最多工作多长时间. 假如此次实验必须在 1h 内才能完成，应采取什么措施？

七、 实验安全操作及注意事项

1. 放射源安全注意事项

(1) 借用放射源必须向实验指导老师提出申请. 严禁私自使用其他实验项目使用的放射源，严禁私自将本实验使用的放射源借给其他人使用.

(2) 归还放射源时，实验小组必须将放射源亲自交还给实验指导老师，严禁转交，严禁未归还放射源就私自离开实验室.

(3) 放射源使用过程中，必须按要求做好使用记录及相应的防护，严禁将放射源随意放置在实验台桌上.

(4) 严禁将放射源的射线发射口对准他人.

(5) 取用放射源必须使用镊子等工具.

(6) 实验过程中，如发现放射源异常、疑似误操作致放射源破损等情况，应立即向实验指导老师汇报，不得拖延、隐瞒、私自处理.

2. 其他注意事项

(1) 实验结束后，必须关闭电源，整理仪器，保持桌面整洁.

(2) 最后离开实验室的小组，必须检查、关闭门窗.

八、 附 录

原始数据记录在表 4-2-1~表 4-2-8 中.

表 4-2-1　标准剂量片本底测量记录表

加热温度：　　　　　　　　　　　　　　　高压：

剂量片编号	1	2	3	4	⋯
本底值 D_0					
标准偏差					
平均本底值 D_0					

表 4-2-2　标准剂量片剂量测量(已扣除本底)记录表

加热温度：　　　　　　　　　　　　　　　高压：

剂量片编号	1	2	3	⋯	⋯
剂量值 D_1					
标准偏差					
平均剂量值 D_1					
$K=D/D_1$					

表 4-2-3　标准光源的本底值

加热温度：　　　　　　　　　　　　　　　高压：

测量次数	1	2	3	⋯	⋯
本底值 D_b					
标准偏差					
平均本底值 D_b					

表 4-2-4　标准光源剂量(已扣除本底)测量

加热温度：　　　　　　　　　　　　　　　高压：

测量次数	1	2	3	⋯	⋯
剂量值 D_2					
标准偏差					
平均剂量值 D_2					

表 4-2-5　调整高压后的标准剂量片本底测量记录表

加热温度：　　　　　　　　　　　　　　　　高压：

剂量片编号	1	2	3	...	...
剂量值 D_0'					
标准偏差					
平均剂量值 D_0'					

表 4-2-6　检验剩余标准剂量片剂量测量记录表

加热温度：　　　　　　　　　　　　　　　　高压：

照射时间：

剂量片编号	1	2	3	...	...
剂量值 D					
标准偏差					
平均剂量值 D					

表 4-2-7　待测剂量片剂量测量记录表

加热温度：　　　　　　　　　　　　　　　　高压：

照射时间：

剂量片编号	1	2	3	...	...
剂量值 D					
标准偏差					
平均剂量值 D					

表 4-2-8　屏蔽后待测剂量片剂量测量记录表

加热温度：　　　　　　　　　　　　　　　　高压：

照射时间：　　　　　　　　　　　　　　　　屏蔽体材料及厚度：

剂量片编号	1	2	3	...	...
剂量值 D					
标准偏差					
平均剂量值 D					

九、 参 考 文 献

北京大学, 复旦大学. 1984. 核物理实验[M]. 北京: 原子能出版社.

复旦大学, 清华大学, 北京大学. 1984. 原子核物理实验方法: 上册[M]. 北京: 原子能出版社.

格伦 F. 诺尔. 1988. 辐射探测与测量[M]. 李旭, 张瑞增, 徐海珊, 等, 译. 北京: 原子能出版社.

郑成法. 1983. 核辐射测量[M]. 北京: 原子能出版社.

实 验 4-3

中子辐射剂量测量

一、 实 验 目 的

(1) 了解中子剂量当量仪的工作原理, 掌握中子剂量当量仪的使用方法.
(2) 了解中子的主要来源.
(3) 掌握场所中子剂量当量率分布测量方法.
(4) 掌握中子的屏蔽防护方法.

二、 实 验 内 容

(1) 学习使用中子剂量当量仪.
(2) 测量中子源屏蔽体表面剂量分布.
(3) 测量放射性工作场所及周边环境中子剂量当量率分布, 给出分区管理建议.
(4) 测量不同材料对中子的屏蔽防护能力.

三、 实 验 原 理

▶ **1. 测量中子辐射剂量的意义**

自 1938 年被发现以来, 中子在工、农、医等各个行业都得到了广泛的应用, 例如, 利用中子散射、衍射测量材料的性质, 中子活化分析, 中子测水, 中子测井, 中子辐照, 中子成像, 以及核电站等.

中子很容易被原子序数低的元素(如含氢材料)慢化, 同时将能量损耗在里面.

因此，当中子穿透人体时，会与人体组织中的氢、碳、氧等原子核发生弹性和非弹性碰撞，将能量传递给人体组织，对人体组织造成伤害. 同时，因为中子的辐射权重因子较大，中子在人体组织内的当量剂量或有效剂量也较大.

2. 中子剂量当量的测量方法

中子剂量当量(率)仪通常由热中子探测器、中子慢化体、电子学系统、计算软件及输出显示系统等部分组成，见图 4-3-1.

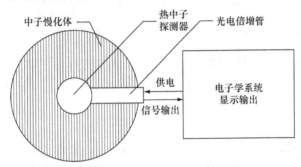

图 4-3-1 中子剂量当量仪结构示意图

在中子剂量当量测量过程中，为实现对中子剂量的生物等效要求，借助镉、硼等材料的吸收棒吸收慢中子的原理，对中子剂量当量进行等效调整. 具体做法是：在中子慢化体内，沿表面层径向插入多根镉棒，使入射中子在到达中心探测器的整个过程中，不断经历慢化或扩散，入射中子的慢(热)中子经历三层吸收，中能中子经历两次吸收，快中子极少可能被吸收的"微分"探测过程. 用镉棒实现中子生物等效探测的探头结构如图 4-3-2 所示.

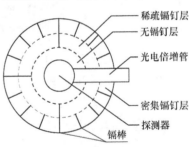

图 4-3-2 吸收棒法中子剂量当量仪探头结构示意图

3. 中子通量密度与剂量计算

将中子源近似为各向同性的点源，距离中子源 r 处的中子注量率为

$$\varphi(r) = \frac{Y}{4\pi r^2} \qquad (4\text{-}3\text{-}1)$$

式中，Y 为中子源的中子产额. 可由中子注量与周围剂量当量的转换系数 d_h 计算得出中子源在该处的剂量当量(率)

$$H = \Phi(r) \cdot d_h, \quad \dot{H} = \varphi(r) \cdot d_h \quad (\varphi = \mathrm{d}\Phi/\mathrm{d}t) \qquad (4\text{-}3\text{-}2)$$

4. 中子源

获得中子通常有两个途径：核反应和核裂变. 常见的中子源有三类.

1) 放射性同位素中子源

放射性同位素中子源是利用放射性核素衰变时放出的一定能量的粒子，去轰击靶物质，发生核反应而放出中子，如(α, n)中子源、(γ, n)光中子源、(f, n)自发裂变中子源.

2) 反应堆中子源

反应堆中子源是利用重核裂变，在反应堆内形成链式反应，不断地产生大量中子. 根据裂变产生的中子能量，反应堆可分为快堆、中能堆和热堆.

3) 加速器中子源

加速器中子源是利用带电粒子加速器加速质子、氘等带电粒子，用以轰击靶原子核，利用各种核反应产生中子. 常见的加速器有回旋加速器、静电加速器、高倍加速器等.

四、 实 验 装 置

(1) 中子剂量仪　　1台；
(2) X/γ辐射剂量仪　　1台；
(3) 中子源收储实验平台　　1套；
(4) ^{241}Am-Be中子源　　1枚.

五、 实验步骤及数据处理

(1) 查阅仪器说明书，学习中子剂量当量仪的使用方法、参数设置及注意事项.

(2) 场所中子剂量测量：

① 非工作状态场所中子剂量监测.

中子源收储实验平台所有测量孔道处于关闭状态时：

(a) 巡测中子源收储装置表面中子剂量当量率，所测数据记录于表4-3-1.

(b) 放射性工作场所，即中子源所在实验室内部的中子剂量当量率分布监测，所测数据记录于表 4-3-2.

(c) 测量实验室外部公共区域的中子剂量当量率, 所测数据记录于表 4-3-2.

② 工作状态场所中子剂量监测.

中子源收储实验平台所有测量孔道处于打开状态时:

(a) 巡测中子源收储装置表面中子剂量当量率, 所测数据记录于表 4-3-1.

(b) 放射性工作场所, 即中子源所在实验室内部的中子剂量当量率分布监测, 所测数据记录于表 4-3-2.

(c) 测量实验室外部公共区域的中子剂量当量率, 所测数据记录于表 4-3-2.

③ 根据测量结果, 给出监测报告(参照本实验"八、附录").

(3) 测量不同材料对中子的屏蔽防护能力:

打开中子源收储实验平台水平方向通道, 将中子剂量仪对准通道:

① 测量中子剂量仪在通道方向上, 与中子源不同距离时的中子剂量当量率, 所测数据记录于表 4-3-3.

② 保持中子剂量仪与中子源距离不变:

(a) 测量中子剂量仪与中子源之间不做屏蔽时的中子剂量当量率, 所测数据记录于表 4-3-4.

(b) 测量在中子剂量仪与中子源之间分别加上水、石蜡、聚乙烯、铅等材料时的中子剂量当量率, 所测数据记录于表 4-3-4.

(c) 测量中子剂量的过程中, 用 X/γ 剂量仪测量相同位置的 γ 剂量.

③ 结合测量结果, 对中子的屏蔽防护方法给出建议.

六、 思 考 题

(1) 本实验中, 能否用探测器测到的计数, 通过式(4-3-1)和式(4-3-2)计算中子源的剂量当量(率)?

(2) 什么是中子剂量生物等效调整法?

(3) 简述 ^{241}Am-Be 中子源产生中子的原理.

七、 实验安全操作及注意事项

1. 放射源安全注意事项

(1) 中子源收储于放射源库中, 必须得到指导老师许可并在指导老师带领下进入源库.

(2) 进入源库时，应注意观察源库内辐射剂量监测预警系统是否正常工作，各剂量仪的实时测量值是否在安全范围内.

(3) 严禁擅动源库内与本实验无关的任何物品.

(4) 放射源使用过程中，必须按要求做好使用记录及相应的防护.

(5) 中子源收储实验平台测量孔打开后，严禁任何人进入孔道对应区域.

(6) 实验过程中，应随时观察源库辐射剂量监测预警系统测量值是否在安全范围内，如系统报警或发现剂量值异常，应立即撤离源库，并向实验指导老师汇报，不得拖延、隐瞒、私自处理.

▷ 2. 其他注意事项

(1) 实验结束后，必须关闭电源，整理仪器，保持桌面整洁.

(2) 最后离开实验室的小组，必须检查、关闭门窗.

(1) 监测报告模板.

1. 监测内容
(注：监测时间、监测场所/地点名称)
2. 监测项目
(注：监测对象即射线类别、涉及的核素及活度等)
3. 监测分析方法及方法来源
(注：国家法律法规、标准等)
4. 监测结果
4.1 监测区域平面图及监测布点
4.2 监测结果

序号	测量结果		测量点
	测量值	标准差	
1			
2			
...			

5. 监测结果分析
(注：根据测量结果，并参照国家相关标准规定，给出分区管理及辐射防护建议.)

(2) 原始数据记录在表 4-3-1～表 4-3-4 中.

表 4-3-1 中子源收储实验平台表面剂量分布测量数据记录表

平台状态(开/关):　　　　　　　　　　测量仪器:

单次测量周期(T):　　　　　　　　　　测量日期:

测量点(装置示意图)	第 1 次	第 2 次	第 3 次	第 4 次	第 5 次
1					
2					
…					

表 4-3-2 场所中子剂量分布测量数据记录表

平台状态(开/关):　　　　　　　　　　测量仪器:

单次测量周期(T):　　　　　　　　　　测量日期:

测量点 (场所示意图)	第 1 次	第 2 次	第 3 次	第 4 次	第 5 次
1					
2					
…					

表 4-3-3 不同距离中子剂量当量率数据记录表

测量仪器:　　　　　　　　　　测量日期:

单次测量周期(T):

距离	第 1 次	第 2 次	第 3 次	第 4 次	第 5 次
…					

表 4-3-4 不同材料对中子屏蔽效果数据记录表

测量仪器:　　　　　　　　　　探测器与屏蔽体距离:

单次测量周期(T):　　　　　　　　　　屏蔽材料:

材料厚度	第 1 次	第 2 次	第 3 次	第 4 次	第 5 次
…					

九、参考文献

北京大学, 复旦大学. 1984. 核物理实验[M]. 北京: 原子能出版社.

陈伯显, 张智. 2011. 核辐射物理及探测学[M]. 哈尔滨: 哈尔滨工程大学出版社.

汲长松, 张恩山, 杨剑峰, 等. 1995. BH3105 型高灵敏中子剂量当量仪[J]. 中国核科技报告, 00: 1-14.

李德平, 潘自强. 1988. 辐射防护手册: 第二分册, 辐射防护监测技术[M]. 北京: 原子能出版社.

卢希庭. 2000. 原子核物理[M]. 北京: 原子能出版社.

汤彬, 葛良全, 方方, 等. 2011. 核辐射测量原理[M]. 哈尔滨: 哈尔滨工程大学出版社.

卫生部放射卫生防护标准专业委员会. 2010. GBZ 125—2009. 含密封源仪表的放射卫生防护要求[S]. 北京: 人民卫生出版社.

夏益华. 2010. 高等电离辐射防护教程[M]. 哈尔滨: 哈尔滨工程大学出版社.

杨朝文. 2009. 电离辐射防护与安全基础[M]. 北京: 原子能出版社.

中华人民共和国国家质量监督检验检疫总局, 中国国家标准化管理委员会. 2008. GB/T 14138—2008. 辐射防护仪器中子周围剂量当量(率)仪[S]. 北京: 中国标准出版社.

中华人民共和国国家质量监督检验检疫总局, 中国国家标准化管理委员会. 2009. GB/T 14055.1—2008. 中子参照辐射 第 1 部分: 辐射特性和产生方法[S]. 北京: 中国标准出版社.

中华人民共和国国家质量监督检验检疫总局. 2004. GB 18871—2002. 电离辐射防护与辐射源安全基本标准[S]. 北京: 中国标准出版社.

室内空气中氡含量测量

一、实 验 目 的

(1) 了解空气中氡的来源.

(2) 了解氡的危害性.

(3) 掌握室内空气中氡浓度的测量方法.

二、实 验 内 容

(1) 测量实验室内部空气中的氡浓度.

(2) 测量不同公共场所的氡浓度分布情况.

(3) 通过实验分析可能影响室内空气中氡含量的因素.

三、实 验 原 理

▶ 1. 氡的性质

氡是一种无色、无味的惰性气体,在自然界中有三种放射性同位素存在:^{219}Rn、^{220}Rn、^{222}Rn. 其中,^{219}Rn 半衰期为 3.96s,^{222}Rn 半衰期为 3.825d,^{220}Rn 半衰期为 55.65s. 因为 ^{219}Rn 和 ^{220}Rn 半衰期很短,所以空气中的氡通常以 ^{222}Rn 为主.

氡在衰变过程中放出 α、β、γ 粒子后衰变为各种氡子体,氡及其子体均为放射性粒子. ^{222}Rn 的衰变过程见图 4-4-1.

141

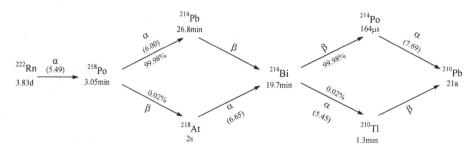

图 4-4-1　^{222}Rn 及其子体衰变链

▶ 2. 室内空气中氡的来源和危害

在地球表面的土壤岩石中普遍存在有铀、镭等天然放射性元素，在它们不断衰变的过程中产生放射性氡. 因此，日常生活中人类完全避免氡的照射是不可能的. 室内空气中氡主要来源于：建筑物地基中的土壤和岩石中的天然放射性核素，建筑材料和装饰用品中的天然放射性核素，室内生活用水和燃料中含有的氡等. 表 4-4-1 列出了我国常用建材中放射性核素含量的测量值，可以看出天然石材中的放射性核素含量比较高.

表 4-4-1　我国常用建筑材料的放射性比活度　　　　（单位：Bq/kg）

建筑材料	天然石材	水泥	砖	砂石	石灰	土壤
^{226}Ra	91	55	50	39	25	38
^{232}Th	95	35	50	47	7	55
^{40}K	1037	176	700	573	35	584

氡气从地基土壤中不断地缓慢释放出来. 如果室内通风不好，空气中氡的浓度会累积到较高水平. 当然，室内氡的浓度与地基中 ^{226}Ra 的含量、地面裂缝、居室通风情况等有关. 世界范围居室空气中氡气单位体积活度平均水平约为 40Bq/m^3，其中亚洲东部较低，约为 25Bq/m^3. 不同地区、不同类型房屋室内氡的比活度水平可能与上述平均值有较大差别. 正常情况下，人体接受的照射量大部分来自天然放射性，而这其中又有一半来自氡及其子体.

当氡及其衰变产物被吸入人体内后，其发射的 α 粒子具有较高的能量，会对细胞造成危害，形成内照射. 随着室内空气中氡浓度的增大，人体所接受的辐射剂量也将增大. 氡及其子体被人体吸收后会破坏人体正常功能，破坏或改变 DNA，长期辐射将会造成人的造血功能、神经系统、生殖系统和消化系统的损伤，导致肺癌、白血病或其他急性肿瘤. 据不完全的统计，我国每年因氡导致肺癌为 50000 例以上，目前氡是除吸烟外第二致肺癌因素.

目前,按照我国《民用建筑工程室内环境污染控制规范》(GB 50325—2010),规定:住宅、医院、老年建筑、幼儿园、学校教室等 I 类民用建筑,室内氡含量≤200Bq/m³;办公楼、酒店、旅馆、文化娱乐场所、书店、图书馆、展览馆、体育馆、公共交通等候室、餐厅、理发店等 II 类民用建筑,室内氡含量≤400Bq/m³.

3. 氡的探测方法

由图 4-4-1 可知,对于 ^{222}Rn 的浓度,可以通过测量 ^{222}Rn 及其子体在衰变过程中的α粒子能谱得出,也可以通过测量其在衰变过程中所放出的 γ 能谱间接得出.

空气中氡的探测方法有很多种:

(1) 双滤膜法:主动采样,能测量采样瞬间的氡浓度. 在气泵的带动下,空气经过第一层滤膜后,被滤掉子体的纯氡进入衰变筒,并产生新的子体,新子体的一部分被出口滤膜收集,测量出口滤膜上的α放射性就可以换算出氡浓度. 要求:进气口距地面约 1.5m,且与出气口高度差要大于 50cm,并在不同方向上.

(2) 径迹蚀刻法:被动采样,可用于氡的累计测量. 空气中的氡及其子体衰变产生的α粒子轰击探测器时,在聚碳酸酯片做的径迹片上产生亚微观型损伤径迹. 将径迹片经化学或电化学处理,其径迹扩大为可观察损伤径迹,单位面积上的径迹密度与氡浓度成正比,通过刻度系数可将径迹密度换算成氡浓度.

(3) 活性炭盒法:被动采样,可测量采样周期内的平均氡浓度. 空气扩散进入碳床内,其中的氡被活性炭吸附、衰变,其衰变产生的子体沉积在活性炭中. 用 γ 能谱仪测量活性炭盒中氡子体的特征 γ 射线峰或峰群强度,根据特征峰的面积计算氡的浓度.

(4) 气球法:主动采样,能测量采样瞬间的氡浓度. 气球法是在双滤膜法原理的基础上发展起来的,所不同的是用气球代替了双滤膜筒,所采用的气路和测量原理完全相同.

(5) 闪烁室法:主动采样,可单个使用作瞬时测量,也可用多个闪烁室作连续采样测量. 将空气引入闪烁室,通过闪烁室壁上的 ZnS(Ag)晶体测量氡及其子体产物发射的α粒子,并确定氡的浓度.

四、 实 验 装 置

(1) 测氡仪　　1 台;

(2) 打孔器　　1 个;

(3) 测量杆　　 1 个;

(4) 干燥剂　　 若干.

▷ 五、 实验步骤及数据处理

要求: 步骤(1)~(3)必须全部完成, 步骤(4)~(6)至少完成一项.

(1) 了解、认识仪器, 学习测氡仪的使用方法、参数设置及注意事项.

(2) 实验室内部不同实验房间氡浓度分布测量:

① 测量实验室内部不同实验房间的氡浓度, 所测数据记录于表 4-4-1.

② 对比各实验房间氡浓度是否相同, 并结合测量时不同实验房间的客观条件, 如通风、放射源使用等, 分析可能造成差异的原因.

(3) 不同公共场所氡浓度分布测量:

① 调研可能影响公共场所氡浓度分布的因素, 并以此为依据, 在市区范围内选择 3 个及以上具有代表性的公共活动场所.

② 对这些场所进行氡浓度测量, 所测数据记录于表 4-4-1.

③ 将测量结果与调研结果进行对比, 分析造成结果不一致的可能原因.

(4) 对同一室内环境的氡浓度进行 24h 连续监测:

① 选定一间实验室, 该实验室符合正常使用的条件, 如人员出入、开关门窗等, 在实验室内的同一位置进行 24h 连续氡浓度测量, 所测数据记录于表 4-4-2.

② 对比测量结果,作通过 24h 氡浓度变化曲线,分析造成氡浓度波动的原因, 并提出合理降低氡浓度的建议.

(5) 气溶胶对氡浓度影响测量:

① 选择一间可密闭的实验室, 对该实验室内的氡浓度进行连续测量, 所测数据记录于表 4-4-2.

② 在测量过程中, 通过点燃蚊香等方式增加室内的气溶胶浓度, 然后再打开门窗通风, 降低气溶胶浓度.

③ 根据连续测量结果, 分析气溶胶对氡浓度的影响.

(6) 土壤对氡浓度影响测量:

① 选择一块泥土地面作为测量场所.

② 利用打孔器在泥土地面钻出一个 0.2m 深的测量孔, 将测氡仪进气端软管连接到测量杆气孔上, 并将测量杆渗入测量孔底部, 进行氡浓度测量.

③ 在 0~1m 范围内, 每加深 0.2m, 进行一次测量, 所测数据记录于表 4-4-3.

④ 通过氡浓度与测量孔深度的关系图, 分析不同土壤深度氡浓度情况.

六、　思　考　题

(1) 室内需密闭多长时间，氡含量能达到平衡?

(2) 如何合理地降低室内氡浓度?

七、　实验安全操作及注意事项

(1) 仪器内部有大量的电子学线路，要防止液体进入仪器内部，特别在外场测量过程中要注意.

(2) 仪器在任何时候都不能在超过仪器技术参数的环境下工作.

(3) 气溶胶对氡浓度影响测量过程中，如采用点蚊香等方式制造气溶胶，必须注意防火.

(4) 外出测量过程中，应注意人身及设备安全.

八、　附　　录

(1) 由于空气湿度对氡测量有严重影响，因此在比较潮湿的环境中使用仪器时，需要选配套干燥计与干燥管，用软管连接在进气口处.

(2) 原始数据记录在表 4-4-2～表 4-4-4 中.

表 4-4-2　场所空气中氡浓度数据记录表

测量仪器:	监测地点:		
单次测量周期(T):	测量日期:		
测量点	第 1 次测量	第 2 次测量	第 3 次测量
1			
2			
...			

表 4-4-3　影响室内氡浓度因素测量数据记录表

测量仪器:	监测地点:		
单次测量周期(T):	测量日期:		
时刻 1	时刻 2	...	时刻 n

表 4-4-4　土壤对氡浓度影响测量记录表

测量仪器：　　　　　　　　　　　　　　监测地点：

单次测量周期(T)：　　　　　　　　　　测量日期：

深度 1	第 1 次测量	第 2 次测量	第 3 次测量

…

深度 n	第 1 次测量	第 2 次测量	第 3 次测量

九、　参 考 文 献

国家环境保护局, 国家技术监督局. 1993. GB/T 14582—1993. 环境空气中氡的标准测量方法 [S]. 北京: 中国标准出版社.

李德平, 潘自强. 1988. 辐射防护手册: 第二分册, 辐射防护监测技术[M]. 北京: 原子能出版社.

汤彬, 葛良全, 方方, 等. 2011. 核辐射测量原理[M]. 哈尔滨: 哈尔滨工程大学出版社.

吴慧山, 林玉飞, 白云生, 等. 1995. 氡测量方法与应用[M]. 北京: 原子能出版社.

张智慧. 1994. 空气中氡及其子体的测量方法[M]. 北京: 原子能出版社.

中华人民共和国国家质量监督检验检疫总局, 中国国家标准化管理委员会. 2016. GB/T 16146—2015. 室内氡及其子气体控制要求[S]. 北京: 中国标准出版社.

中华人民共和国住房和城乡建设部, 中华人民共和国国家质量监督检验检疫总局. 2011. GB 50325—2010. 民用建筑工程室内环境污染控制规范[S]. 北京: 中国计划出版社.

朱天乐. 2002. 室内空气污染控制[M]. 北京: 化学工业出版社.

实　验　4-5

低本底总α、总β测量

一、　实　验　目　的

(1) 了解监测低本底总α、总β的意义.

(2) 掌握低本底总α、总β样品采集方法和样品制备方法.

(3) 熟悉低本底总α、总β测量的实验原理，掌握低本底总α、总β实验仪器的使用方法.

二、　实　验　内　容

(1) 认识低本底总α、总β测量的实验仪器.

(2) 学习低本底总α、总β测量样品的采集方法，并完成样品前处理.

(3) 测量样品中的总α、总β放射性.

(4) 通过测量数据并根据所测样品的来源，对实验结果进行分析.

三、　实　验　原　理

　1. 测量低本底总α、总β的意义

随着核技术日益广泛的应用，低水平放射性测量越来越受到重视. 低水平放射性没有一个严格的数量界限，一般把样品总活度很低、样品放射性浓度很低的称为低水平. 对于这种情况，采用一般的探测装置技术难以获得足够精度的测量结果，因此必须采用专门的低本底测量装置技术.

环境监测经常遇到微弱放射性的测量问题，而低本底总α、总β测量是测量微弱放射性的有效方法. 这种有效性在于：它对样品中的总α或总β进行总的计数测量，即不进行对不同能量的区分测量，这就增加了总的计数，从而减小实验统计误差.

环境辐射监测低本底总α、总β的测量对象：气溶胶、沉降灰、青菜、萝卜、大米、羊骨、鱼骨、地下水、海水、湖塘水、饮用水、牛奶、牧草、土壤等.

▶ 2. 测量方法

总α测量：用已知α质量活度的标准物质粉末，制备成一系列不同质量厚度的标准样品，用低本底总α、总β测量系统测量α计数，由α净计数率和构成标准样品的标准物质粉末的活度，计算出测量系统的α计数效率ε，将ε与标准样品质量厚度d的对应关系绘制成α计数效率曲线. 样品测量时，经过前处理的待测样品，在相同几何条件下作相对测量，由待测样品的质量厚度在计数效率曲线上查出对应的计数效率值，由此可计算出待测样品中的α放射性体积活度.

总β测量：用已知β质量活度标准物质粉末，制备成一系列不同质量厚度的标准样品，用低本底总α、总β测量系统测量β计数，由β净计数率和构成标准样品的标准物质粉末的活度，计算出测量系统的β计数效率ε，将ε与标准样品质量厚度d的对应关系绘制成β计数效率曲线. 待测样品测量时，经过前处理的待测样品，在相同几何条件下做相对测量，由待测样品的质量厚度在计数效率曲线上查出对应的计数效率值，由此可计算出待测样品中的β放射性体积活度.

▶ 3. 仪器原理

常见的低本底总α/总β测量仪原理如图4-5-1所示，由铅屏蔽室、2个符合

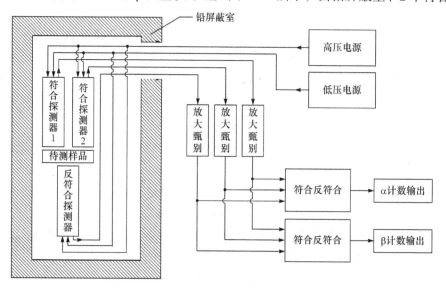

图4-5-1　低本底总α/总β测量仪原理

探测器、1 个反符合探测器，以及电子学系统构成，采用符合和反符合方法来降低本底.

α粒子、β粒子区分：α粒子与 β 粒子的能量差别很大，在探测器上产生的脉冲高度差别也很大，经过脉冲甄别，理论上可以完全区分α粒子与 β 粒子，同时经过α与 β 反符合可以扣除α粒子对 β 道产生的脉冲.

测量时样品置于具有导轨的抽屉式样品托架上. 样品托架推到测量位置后，样品盘的中心(即待测样品的中心)正好对着探测器探头中心. 测量完毕后抽出托架，换上载有新样品的样品盘，便可重新进行测量.

▶ 4. 样品制备

1) 标准样品制样

用已知质量活度标准物质粉末、液体，制备成一系列不同质量厚度的标准样品.

2) 待测样品采样

通过调研，提出需要检测的环境放射性内容，并由此制订样品采集方案，按需要采集水样、气溶胶样品、土壤样品等.

3) 待测样品制样

采集回来的样品，不能直接测量，需要进行研磨、灼烧、酸化、蒸发浓缩、灰化等步骤处理，制作成与标准样品相同规格的待测样品.

▶ 5. 结果计算

(1) 通过标准样品测量，计算测量系统对不同厚度样品的α/β 计数效率

$$\varepsilon(d) = \frac{n_s(d) - n_0}{a_s(d)} \tag{4-5-1}$$

式中，$\varepsilon(d)$ 为测量系统对厚度为 d 的标准样品的α/β 计数效率；$n_s(d)$ 为厚度为 d 的标准样品α/β 计数率；n_0 为本底α/β 计数率；$a_s(d)$ 为厚度为 d 的标准样品的α/β 放射性活度，Bq.

得出 ε 与样品厚度 d 的函数关系后，以此计算相应厚度待测的α/β 放射性活度

$$a_x(d) = \frac{n_x(d) - n_0}{\varepsilon(d)} \tag{4-5-2}$$

式中，$a_x(d)$ 为厚度为 d 的待测样品的α/β 放射性活度，Bq；$n_x(d)$ 为厚度为 d 的

样品源α/β计数率.

(2) 水样的总α/β放射性单位体积活度计算

$$A_{水} = a_x(d) \cdot \frac{W}{mV}$$ (4-5-3)

式中，$A_{水}$ 为水样总α/β放射性单位体积活度，Bq/L；W 为水样残渣总重量；m 为样品盘中制备样品源的水残渣质量；V 为水样体积.

(3) 气溶胶样品的总α/β放射性单位体积活度计算

$$A_{气溶胶} = a_x(d) \cdot \frac{W}{mV}$$ (4-5-4)

式中，$A_{气溶胶}$ 为气溶胶样品总α/β放射性单位体积活度，Bq/m^3；W 为灰样(残渣)总重量；m 为测量用灰样(残渣)质量；V 为空气采样体积.

(4) 固体样品总α/β放射性单位质量活度计算

$$A_{固} = \frac{a_x(d)}{m}$$ (4-5-5)

式中，$A_{固}$ 为固体样品总α/β放射性单位质量活度，Bq/kg；m 为测量用样品质量.

四、 实 验 装 置

(1) 低本底总α/总β测量仪   1 台；
(2) 电子分析天平   1 台；
(3) α标准样品   1 套；
(4) β标准样品   1 套；
(5) 样品前处理装置   1 套.

五、 实验步骤及数据处理

1. 认识仪器

熟悉仪器的结构，掌握仪器的使用方法及参数设置等.

2. 学习标准样品的制备方法

不同类型样品的制备方法见本实验"八、附录".

3. 学习待测样品的采集方法

学习水样、土壤样品、沉降灰样品、生物样品、气溶胶样品等不同类型样品的采集方法.

4. 样品制备

对采集的样品进行前处理，制备成待测样品(制备方法参照本实验"八、附录").

5. 测量

(1) 本底测量.

开启仪器预热30min后,把干净样品盘放入,连续测量其本底8次,每次3600s.

(2) 标准样品测量.

① α标准源的测量：从干燥器中取出制备好的α标准样品，放入仪器内进行连续3次测量.

② β标准源的测量：从干燥器中取出制备好的β标准样品，放入仪器内进行连续3次测量.

(3) 待测样品测量.

制备好的待测样品，放入仪器内进行连续3次测量.

根据样品类型，选择测量方式如下.

① 一般样品测量：用于测试不用特别制备的一般样品.

② 水样品测量：用于测试制备好的水样品.

③ 生物样品测量：用于测试制备好的生物样品.

④ 气体样品测量：用于测试制备好的气体样品.

⑤ 环境样品测量：用于测试一般的环境样品.

(4) 根据所选测样品的来源，对实验结果进行分析.

六、　思　考　题

(1) 总α、总β待测样品的厚度应该怎样选取？是选择足够薄的样品还是选择一定厚度的样品？为什么？

(2) 分析所测样品中α、β放射性的来源.

七、　实验安全操作及注意事项

1. 放射性安全注意事项

实验中使用的α/β标准样品中，放射性核素含量虽然很低，但是α/β对人体组织的内照射伤害很大，所以在使用过程中务必注意以下事项：

(1) 取用标准样品必须使用镊子等工具.

(2) 严禁用任何身体部位，特别是有伤口的部位接触标准样品.

(3) 使用过程中必须保持标准样品的完整性，严禁将标准样品洒落、产生浮尘.

(4) 标准样品使用完后应及时放回干燥箱内，严禁将标准样品随意放置在实验桌上.

(5) 实验过程中，如发现标准样品破损、洒落等情况，应立即向实验指导老师汇报，不得拖延、隐瞒、私自处理.

▶ 2. 化学药品安全注意事项

(1) 使用硝酸等化学药品时，必须按需取用并做好记录.

(2) 使用过程中必须小心，以免将化学药品溅洒到人身上.

(3) 产生的废液及容器的前两次清洗液必须倒入废液桶，统一回收处理，严禁私自处理.

▶ 3. 高温装置注意事项

(1) 使用马弗炉等高温加热设备时，必须小心，以免烫伤.

(2) 高温加热设备开机使用时必须有人值守，严禁无人值守时使用.

(3) 高温加热设备使用完毕后，应及时关机、断电.

▶ 4. 其他注意事项

(1) 实验结束后，必须关闭电源，整理仪器，保持桌面整洁.

(2) 最后离开实验室的小组，必须检查、关闭门窗.

八、 附　　录

▶ 1. 样品制备

1) 水样

(1) 取 2L 水样倒入 5000mL 烧杯中，缓慢加热至沸腾，蒸发浓缩至 30mL 左右. 若水样中残渣量不够制样品源，在蒸发过程中可以添加水样，但要控制加水样后体积不超过烧杯容积的一半.

(2) 将烧杯中少量浓缩液连同沉淀一并转入已灼烧称量的瓷坩埚中，用少量硝酸洗涤烧杯 2～3 次，洗涤液一并转入瓷坩埚中.

(3) 将 1mL 硫酸沿器壁缓慢加入瓷坩埚中，与浓缩液充分混合后，置于红外灯下小心加热、蒸干(防止溅出！). 待硫酸冒烟后，将瓷坩埚移至电热板上继续加热蒸干(应控制电热板温度不高于 350℃)，直至将烟雾赶尽.

(4) 将瓷坩埚置于马弗炉中，在 350℃±10℃ 下灼烧灰化 1h，取出放入干燥器中冷却至室温. 准确称量灰样(残渣)总重量.

(5) 用不锈钢样品勺将灼烧后称量过的固体残渣刮下，在瓷坩埚内用玻璃棒研细、混匀.

2) 气溶胶样品

(1) 将样品滤膜折叠，放入已经恒重的坩埚中，记下空坩埚的重量.

(2) 将坩埚移入马弗炉中，在 600℃ 下灼烧 1h，取出放入干燥器中冷却至室温. 准确称量灰样总重量.

(3) 用不锈钢样品勺将灼烧后称量过的固体残渣刮下，在瓷坩埚内用玻璃棒研细、混匀.

3) 土壤样品

(1) 将样品置于电热恒温干燥箱中，在 105℃ 下烘干.

(2) 称取约 2g 已烘干的样品放于干净研钵中研成粉末.

(3) 把研好的粉末放于称量皿中于 105℃ 烘到恒重.

4) 沉降灰样品

(1) 将收集的沉降灰样品摇匀，分数次全部移入 3000mL 的烧杯中，在电热板上加热蒸发至近干，将残余物转入坩埚中，在电热板上缓慢加热，炭化.

(2) 将坩埚移入马弗炉中，在 600℃ 下灼烧 1h，取出放入干燥器中冷却至室温. 准确称量残渣总重量.

(3) 用不锈钢样品勺将灼烧后称量过的固体残渣刮下，在瓷坩埚内用玻璃棒研细、混匀.

5) 生物样品

(1) 生物样品清洗干净后烘干，切碎后取 10~30g 样品置于氧弹装置的样品槽中，接好引燃线，通入相应压力的氧气后关闭所有阀门，将氧弹装置置于冰浴中，点火燃烧.

(2) 燃烧后生成的 CO_2 气体用 3mol/L 的 NaOH 溶液吸收，得到捕集液.

(3) 在捕集液中边搅拌边加氯化铵，调节 pH 至 10.5.

(4) 在调节好 pH 的溶液中，边搅拌边逐滴加入 6mol/L 的氯化钙溶液，形成碳酸钙沉淀. 比按理论计算需加的氯化钙溶液量多加几滴, 以确保碳酸钙完全沉淀. 沉淀静置过夜.

(5) 碳酸钙沉淀用抽滤瓶过滤, 沉淀用蒸馏水和无水乙醇洗涤数次, 烘干至恒重的碳酸钙样品置于干燥器中保存.

6) α标准源、β标准源、待测样品

分别取一定量的 ^{241}Am α标准源、KCl β标准源及经过前处理的待测样品粉末. 仔细研磨以上三种粉末, 使之成为小于 100 目的粉末状. 严格地取等量的三种粉末, 分别铺于清洁的样品盘内, 每盘滴入少量的体积比为 1:1 的酒精与丙酮混合溶液, 用环形针使三个样品盘内的粉末平整均匀, 再用红外灯把有机溶剂彻底烘干, 放入干燥器内备用.

▶ 2. 原始数据记录(表 4-5-1)

表 4-5-1　样品低本底测量结果记录表

测量样品类型: 　　　　　　　　　测量仪器:

单次测量周期(T):

测量样品		α 计数	β 计数	反符合计数
样品 1	第 1 次			
	第 2 次			
样品 2	第 1 次			
	第 2 次			
...				

▶ 九、　参 考 文 献

《环境放射性监测方法》编写组. 1977. 环境放射性监测方法[M]. 北京: 原子能出版社.

陈伯显, 张智. 2011. 核辐射物理及探测学[M]. 哈尔滨: 哈尔滨工程大学出版社.

复旦大学, 清华大学, 北京大学. 1981. 原子核物理实验方法[M]. 北京: 原子能出版社.

格伦 F. 诺尔. 1988. 辐射探测与测量[M]. 李旭, 张瑞增, 徐海珊, 等, 译. 北京: 原子能出版社.

国家环境保护总局. 2001. HJ/T61—2001. 辐射环境监测技术规范[S]. 北京: 中国标准出版社.

汤彬, 葛良全, 方方, 等. 2011. 核辐射测量原理[M]. 哈尔滨: 哈尔滨工程大学出版社.

中华人民共和国国家质量监督检验检疫总局, 中国国家标准化管理委员会. 2009. GB/T 11682—2008. 低本底α和/或β测量仪[S]. 北京: 中国标准出版社.

放射性工作场所的辐射监测

一、 实 验 目 的

(1) 学习放射性工作场所的监测和评价方法.

(2) 了解放射性工作场所的分区管理方法.

二、 实 验 内 容

(1) 制订放射性工作场所监测方案.

(2) 工作场所的外照射监测.

(3) 射线装置的放射性监测.

(4) 含源装置的放射性监测.

(5) 表面污染监测.

三、 实 验 原 理

▶ 1. 放射性工作场所辐射监测的目的和意义

在生产、应用或操作放射性物质及其他辐射源的工作场所，工作人员有可能会受到不同程度的辐射照射. 工作场所辐射监测的目的就在于保证该场所的辐射水平及放射性污染水平低于预定要求,以确保工作人员处于满足防护要求的环境，同时还要能及时发现偏离正常剂量水平的情况，在保障工作人员健康的条件下开展工作.

▶ 2. 辐射监测分类

按照监测的目的和作用，工作场所的辐射监测可分为常规监测、操作监测和特殊监测三类，在制订监测计划时，必须根据现场实际情况和要求来判断哪一种监测是必要的.

1) 常规监测

常规监测是在正常情况下的定期和不定期监测，在很大程度上是一种证实性监测，其主要目的是要表明工作场所的工作条件和工作环境是安全的，以及及时发现异常或紧急情况，以便采取适当的应急措施.

2) 操作监测

操作监测指对一种非常规的特殊操作过程进行监测，以提供操作管理方面的决策依据，并为辐射防护最优化提供支持，通常在进行该项操作前，应及时提供相关资料，作为监测的分析、判断和做出决定的基础.

3) 特殊监测

特殊监测用于有事故存在或怀疑发生异常的情况，也可用于为控制工作环境而现有现场测量资料还不够充分的工作场所. 其主要目的在于提供更详细的资料，以便阐明问题所在，并确定今后的操作程序. 因此，特殊监测都应该有一个明确的目标和期限，一旦达到目标，就应该恢复常规监测和操作监测.

▶ 3. 监测方法及内容

(1) 工作场所监测的内容和频度应根据工作场所内辐射水平及其变化和潜在照射的可能性与大小来确定，并应保证：①能够评估所有工作场所的辐射水平；②可以对工作人员受到的照射进行评价；③能用于评价辐射工作场所的分区及管理方法是否适当.

(2) 监测内容：①工作场所外照射监测；②特殊装置监测；③表面污染监测；④空气污染监测.

▶ 4. 辐射工作场所的分区管理方法

辐射工作场所应分为控制区和监督区，以便于辐射防护管理和职业照射控制.

1) 控制区

应把需要和可能需要专门防护手段或安全措施的区域定为控制区，以便控制正常工作条件下的正常照射或防止污染扩散，并预防潜在照射或限制潜在照射的范围.

2) 监督区

这种区域未被定为控制区，在其中通常不需要专门的防护手段或安全措施，但需要经常对职业照射条件进行监督和评价.

四、　实 验 装 置

(1) X/γ 剂量当量仪　　　1 台；
(2) 表面沾污测量仪　　　1 台；
(3) 中子剂量当量仪　　　1 台.

五、　实验步骤及数据处理

测量放射性工作区域：本实验室内部各放射性实验室.

要求：步骤 1～3 必须全部完成，步骤 4～6 视实验室条件选择完成部分内容，相关空气污染监测方法参考"实验 4-5　低本底总α、总β 测量".

1. 调研监测环境

熟悉监测环境，确定监测环境的区域范围，以及范围内的危害因素或可能存在的危害因素，即了解监测范围内有何种放射性核素、射线装置及其分布示意图、人员活动范围等.

2. 制订监测方案

根据调研结果，制订详细的监测方案：
(1) 根据监测范围内射线种类、性质，确定选用的剂量当量仪类型、型号.
(2) 根据放射性核素、射线装置分布示意图和人员活动范围，进行测量布点.
(3) 确定需要进行单独监测的射线装置、含源装置，并制订监测计划.
(4) 制订表面污染监测计划.

3. 场所的外照射监测

(1) 根据监测方案，按照测量布点情况，对实验室放射性工作区进行剂量巡测，所测数据记录于表 4-6-3.

(2) 对实验室外部公共区域进行剂量巡测，所测数据记录于表4-6-3.

(3) 根据测量结果，给出监测报告(参照本实验"八、附录").

4. 射线装置监测

1) 非工作状态(射线装置处于关机状态)

巡测其表面剂量当量率，测量数据记录于表4-6-4.

2) 工作状态(射线装置处于开机状态)

(1) 巡测其表面剂量当量率，测量数据记录于表4-6-4.

(2) 监测操作人员所处位置剂量当量率，测量数据记录于表4-6-4.

(3) 检查当射线装置处于开机状态时，警示灯是否亮起.

5. 含源装置监测

1) 非工作状态(含源装置处于关机状态)

巡测其表面剂量当量率，测量数据记录于表4-6-4.

2) 工作状态(含源装置处于开机状态)

(1) 巡测其表面剂量当量率，测量数据记录于表4-6-4.

(2) 监测操作人员所处位置剂量当量率，测量数据记录于表4-6-3.

6. 表面污染监测

(1) 用表面沾污测量仪进行本底测量.

(2) 表面沾污测量仪在待测表面缓慢移动，密切关注仪器测量读数的变化.

(3) 对于读数明显变化的表面处，进行多次测量，确定污染的程度、污染区域.

六、 思 考 题

(1) 放射性工作场所辐射监测与环境辐射监测的差别是什么?

(2) 为保证放射性工作人员健康安全，应将工作场所的辐射水平控制得越低越好，是否正确? 为什么?

(3) 针对监测结果，对放射性工作场所提出安全防护方案.

七、 实验安全操作及注意事项

▶ 1. 放射性安全注意事项

(1) 实验过程中，如发现有区域剂量异常，应立即撤离到剂量正常的区域，并向实验指导老师汇报，不得拖延、隐瞒、私自处理.

(2) 射线装置处于工作状态时，严禁人体部位处于射线束出射方向上.

(3) 含源装置处于工作状态时，根据射线性质做好防护，严禁任何人进入射线出射方向对应区域.

▶ 2. 其他注意事项

(1) 实验结束后，必须关闭电源，整理仪器，保持桌面整洁.

(2) 最后离开实验室的小组，必须检查、关闭门窗.

八、 附 录

▶ 1. 监测报告模板

1. 监测内容
（注：监测时间、监测场所/地点名称）
2. 监测项目
（注：监测对象即射线类别、涉及的核素及活度等）
3. 监测分析方法及方法来源
（注：国家法律法规、标准等）
4. 监测结果
4.1 监测区域平面图及监测布点
4.2 监测结果

序号	测量结果		测量点
	测量值	标准差	
1			
2			
...			

5. 监测结果分析
（注：根据测量结果，并参照国家相关标准规定，给出分区管理及辐射防护建议.）

2. 工作场所的放射性表面污染控制水平(表 4-6-1)

表 4-6-1 工作场所的放射性表面污染控制水平 (单位：Bq/cm²)

表面类型		α放射性物质		β 放射性物质
		极毒性	其他	
工作台、设备、墙壁、地面	控制区 1)	4	4×10	4×10
	监督区	4×10⁻¹	4	4
工作服、手套、工作鞋	控制区 监督区	4×10⁻¹	4×10⁻¹	4
手、皮肤、内衣、工作袜		4×10⁻²	4×10⁻²	4×10⁻¹

注：1) 该区内的高污染子区除外.

3. 非密封源工作场所的分级(表 4-6-2)

表 4-6-2 非密封源工作场所的分级

级别	日等效最大操作量/Bq
甲	>4 × 10⁹
乙	2×10⁷～4×10⁹
丙	豁免活度值以上～2×10⁷

4. 《电离辐射防护与辐射源安全基本标准》(GB 18871—2002)对个人剂量的限值

(1) 对任何工作人员的职业照射水平进行控制，使之不超过下述限值：

① 由审管部门决定的连续 5 年的年平均有效剂量(但不可作任何追溯平均)，20mSv；

② 任何一年中的有效剂量，50mSv；

③ 眼晶体的年当量剂量，150mSv；

④ 四肢(手和足)或皮肤的年当量剂量，500mSv.

(2) 对于年龄为 16～18 岁接受涉及辐射照射就业培训的徒工和年龄为 16～18 岁在学习过程中需要使用放射源的学生，应控制其职业照射使之不超过下述限值：

① 年有效剂量，6mSv；

② 眼晶体的年当量剂量，50mSv；

③ 四肢(手和足)或皮肤的年当量剂量，150mSv.

(3) 实践使公众中有关关键人群组的成员所受到的平均剂量估计值不应超过下述限值：

① 年有效剂量，1mSv；

② 特殊情况下，如果 5 个连续年的年平均剂量不超过 1mSv，则某一单一年份的有效剂量可提高到 5mSv；

③ 眼晶体的年当量剂量，15mSv；

④ 皮肤的年当量剂量，50mSv.

5. 原始数据记录

表 4-6-3　工作场所外照射监测数据记录表

测量日期：　　　　　　　　　　　　测量地点：

测量仪器：　　　　　　　　　　　　监测射线种类：

本底测量：　　　　　　　　　　　　单次测量周期(T)：

测量布点	第 1 次	第 2 次	第 3 次	第 4 次	第 5 次

表 4-6-4　射线装置/含源装置剂量监测数据记录表

测量日期：　　　　　　　　　　　　测量地点：

监测装置名称：　　　　　　　　　　装置状态(开/关)：

监测射线种类：　　　　　　　　　　测量仪器：

本底测量：　　　　　　　　　　　　单次测量周期(T)：

测量点分布序号	第 1 次	第 2	第 3 次	第 4 次	第 5 次

九、　参 考 文 献

李德平, 潘自强. 1988. 辐射防护手册：第二分册, 辐射防护监测技术[M]. 北京: 原子能出版社.

潘自强, 程建平, 等. 2007. 电离辐射防护和辐射源安全: 上册[M]. 北京: 原子能出版社.

夏益华. 2010. 高等电离辐射防护教程[M]. 哈尔滨: 哈尔滨工程大学出版社.

杨朝文. 2009. 电离辐射防护与安全基础[M]. 北京: 原子能出版社.

中华人民共和国国家质量监督检验检疫总局, 中国国家标准化管理委员会. 2009. GB/T 14056.1—2008. 表面污染测定 第1部分: β 发射体 ($E_{\beta max} > 0.15\text{MeV}$) 和α发射体[S], 北京: 中国标准出版社.

中华人民共和国国家质量监督检验检疫总局. 2004. GB 18871—2002. 电离辐射防护与辐射源安全基本标准[S]. 北京: 中国标准出版社.

中华人民共和国卫生部. 2010. GBZ 125—2009. 含密封源仪表的放射卫生防护要求[S]. 北京: 人民卫生出版社.

实验中使用的仪器设备

序号	仪器名称	型号规格	厂家
1	符合测量实验平台	自研	四川大学核工程与核技术实验室
2	G-M 实验平台	自研	四川大学核工程与核技术实验室
3	半导体探测器(α)实验平台	自研	四川大学核工程与核技术实验室
4	β/γ 综合测量平台	自研	四川大学核工程与核技术实验室
5	一体化定标器	自研	四川大学核工程与核技术实验室
6	一体化能谱仪	自研	四川大学核工程与核技术实验室
7	符合测量仪	自研	四川大学核工程与核技术实验室
8	中子源收储实验平台	自研	四川大学核工程与核技术实验室
9	智能化放射源收储管理系统	自研	四川大学核工程与核技术实验室
10	测氡仪	RLM-1	中国辐射防护研究院
11	薄窗 NaI(Tl)探测器	FJ374A	中核(北京)核仪器厂
12	NIM 机箱	FH0001A	中核(北京)核仪器厂
13	α/β 表面污染仪	BH3206	中核(北京)核仪器厂
14	便携式中子剂量当量仪	HB-3105	中核(北京)核仪器厂
15	热释光退火炉	JR1152B	中核(北京)核仪器厂
16	热释光剂量仪	FJ427A1	中核(北京)核仪器厂
17	金硅面垒半导体探测器	GM-20	中核(北京)核仪器厂
18	溴化镧探测器	BNIF	中核(北京)核仪器厂
19	BF_3 管	SZJ-1	中核(北京)核仪器厂
20	个人剂量仪	CM5002	江苏超敏仪器有限公司

续表

序号	仪器名称	型号规格	厂家
21	便携式 X/γ 剂量巡检仪	CM5001	江苏超敏仪器有限公司
22	X 荧光光谱仪	EDX3600K	江苏天瑞仪器股份有限公司
23	信号发生器	DG4062	普源精电科技有限公司
24	CZT 探测器	DT-01C	陕西迪泰克新材料有限公司
25	辐射剂量当量率仪	JB5000	上海精博工贸有限公司
26	塑料闪烁体探测器	NT-200	上海明核仪器有限公司
27	固定式辐射剂量报警仪	NT1001	上海明核仪器有限公司
28	X/γ 辐射剂量当量率仪	FD-3013B	上海申核电子仪器有限公司
29	低本底总α/总 β 测量仪	HY-3322	中广核久源(成都)科技有限公司
30	便携式高压电源	±5kV	天津市森特尔新技术有限公司
31	个人剂量报警仪	PDM-122B-SH	ALOKA
32	宽能窗高纯锗 γ 谱仪	BE3830	CANBERRA
33	X-PIPS	SXD15C-150-500	CANBERRA
34	α-PIPS	PD150-14-100Am	CANBERRA
35	数字万用表	175C	FLUKE
36	G-M 计数管	LND7232	LND
37	硅锂探测器	SLP-04160P-OPT-0.3	ORTEC
38	液体闪烁体探测器	BC501	St.Gobain
39	NaI(Tl)闪烁体探测器	CH280	北京滨松光子技术股份有限公司
40	薄窗 NaI(Tl)探测器	NT1008N	北京滨松光子技术股份有限公司
41	X/γ 辐射防护巡测仪	BS9521	上海贝谷仪器科技有限公司